Mohand Amokrane Handala

Décharge électrique de surface sous tension alternative 50 Hz

Mohand Amokrane Handala

Décharge électrique de surface sous tension alternative 50 Hz

Effets sur une interface isolante solide/air à pression atmosphérique

Presses Académiques Francophones

Impressum / Mentions légales
Bibliografische Information der Deutschen Nationalbibliothek: Die Deutsche Nationalbibliothek verzeichnet diese Publikation in der Deutschen Nationalbibliografie; detaillierte bibliografische Daten sind im Internet über http://dnb.d-nb.de abrufbar.
Alle in diesem Buch genannten Marken und Produktnamen unterliegen warenzeichen-, marken- oder patentrechtlichem Schutz bzw. sind Warenzeichen oder eingetragene Warenzeichen der jeweiligen Inhaber. Die Wiedergabe von Marken, Produktnamen, Gebrauchsnamen, Handelsnamen, Warenbezeichnungen u.s.w. in diesem Werk berechtigt auch ohne besondere Kennzeichnung nicht zu der Annahme, dass solche Namen im Sinne der Warenzeichen- und Markenschutzgesetzgebung als frei zu betrachten wären und daher von jedermann benutzt werden dürften.

Information bibliographique publiée par la Deutsche Nationalbibliothek: La Deutsche Nationalbibliothek inscrit cette publication à la Deutsche Nationalbibliografie; des données bibliographiques détaillées sont disponibles sur internet à l'adresse http://dnb.d-nb.de.
Toutes marques et noms de produits mentionnés dans ce livre demeurent sous la protection des marques, des marques déposées et des brevets, et sont des marques ou des marques déposées de leurs détenteurs respectifs. L'utilisation des marques, noms de produits, noms communs, noms commerciaux, descriptions de produits, etc, même sans qu'ils soient mentionnés de façon particulière dans ce livre ne signifie en aucune façon que ces noms peuvent être utilisés sans restriction à l'égard de la législation pour la protection des marques et des marques déposées et pourraient donc être utilisés par quiconque.

Coverbild / Photo de couverture: www.ingimage.com

Verlag / Editeur:
Presses Académiques Francophones
ist ein Imprint der / est une marque déposée de
AV Akademikerverlag GmbH & Co. KG
Heinrich-Böcking-Str. 6-8, 66121 Saarbrücken, Deutschland / Allemagne
Email: info@presses-academiques.com

Herstellung: siehe letzte Seite /
Impression: voir la dernière page
ISBN: 978-3-8381-7148-7

TABLE DES MATIERES

Introduction générale

Introduction

Les surfaces diélectriques exposées à des champs électriques tangentiels constituent la partie la plus vulnérable des systèmes haute tension [1]. Malgré cet inconvénient, elles sont très répandues dans les appareils électriques. En effet, les gaz sont très utilisés comme isolant parce qu'en plus de leurs bonnes propriétés isolantes, ils sont autorégénérateurs ; ils retrouvent leurs propriétés diélectriques après avoir subi un claquage électrique. Malheureusement, ils ont l'inconvénient de ne pas pouvoir assurer la rigidité mécanique de l'isolation. C'est la raison pour laquelle ils sont toujours associés à un solide isolant qui va servir de support aux parties conductrices sous tension.

La structure mixte gaz/solide est par conséquent présente dans l'isolation des matériels électriques tels que les transformateurs, les câbles électriques, les condensateurs, les disjoncteurs, les lignes de transport d'énergie, etc.

Cette isolation composée gaz/solide est aussi utilisée dans de nombreuses applications industrielles tels que les systèmes de traitement de surface [2] et de dépollution [3].

Les mécanismes qui gouvernent l'interaction entre la décharge électrique et la surface du solide isolant sont encore mal connus. La documentation traitant des décharges de surface reste rare comparée à celle qui se rapporte à l'étude des solides ou des gaz seuls.

Les investigations consacrées à ce type de décharges restent peu nombreuses. Pourtant, lorsque le champ électrique dépasse une valeur seuil dans une isolation gaz/solide, c'est au niveau de l'interface que prennent naissance les décharges qui peuvent conduire, en se développant, à la destruction de l'isolation [4].

Si les conséquences de telles décharges sont assez bien connues, en revanche leurs mécanismes d'initiation et de développement restent à explorer. Il en est de même du processus de dégradation de la surface de l'isolant solide. En effet, l'étude de ces décharges est difficile à cause de l'influence variable, mal connue et souvent déterminante des parois du solide. La couche superficielle de ce dernier est la partie la moins bien définie et la plus difficile à contrôler. Tout cela rend très difficile l'étude aussi bien théorique qu'expérimentale de la plupart des phénomènes élémentaires superficiels qui sont donc encore mal connus.

Dans la présente étude, nos investigations visent à explorer davantage la décharge électrique de surface sous tension alternative 50 Hz particulièrement dans ses premières phases et ses effets sur une surface de polymère, le styrène acrylonitrile (SAN).

La compréhension des mécanismes de dégradation de la surface d'un polymère pourra permettre de concevoir des équipements mieux adaptés à ce type de contrainte et ainsi d'accroître la fiabilité des matériels électriques.

Dans le premier chapitre, comme la décharge de surface se développe dans le gaz à la surface du solide, nous avons jugé utile de rappeler de façon succincte, les différentes théories qui traitent des décharges dans les gaz. Nous décrirons les phases de la décharge gazeuse depuis l'apparition des électrons primaires jusqu'à l'établissement de l'arc électrique.

Nous présenterons ensuite, dans le deuxième chapitre, une brève revue bibliographique sur les décharges glissantes. Nous donnerons les différentes étapes qui ont marqué leur étude et les avancées qui ont été enregistrées. Nous évoquerons aussi les applications des décharges superficielles dans l'industrie.

Dans le troisième chapitre, nous caractériserons, principalement par la mesure de courants de préclaquage, la décharge surfacique dans sa phase d'initiation sous forme de décharge couronne produisant des particules très actives vis à vis de la surface du solide isolant.

Au chapitre quatre, nous analyserons les modifications des propriétés physico-chimiques de la surface d'un polymère soumis à des décharges de surface. Nous utiliserons pour cela des techniques d'observation et d'analyse physico-chimique ainsi que des mesures électriques. Pour interpréter théoriquement les transformations subies par la surface du solide isolant, nous établirons une corrélation de la structure chimique superficielle avec le développement de la décharge qui peut conduire au claquage diélectrique.

Chapitre I

Décharges électriques dans les gaz

I.1. Introduction

Comme notre étude porte sur les décharges électriques à l'interface air-solide, nous consacrerons ce chapitre aux phénomènes de décharges dans les gaz. Bien que ces phénomènes soient étudiés depuis pratiquement deux siècles [5] et que de nombreuses avancées soient faites ces dernières années, en particulier sur la phase d'initiation [5,6], ils restent l'objet de nombreuses études à cause de leur complexité.

Les gaz sont de bons isolants s'ils sont mis hors d'atteinte des agents ionisants. En pratique ils contiennent toujours une certaine quantité de charges libres dues à l'ionisation par les rayonnements cosmiques, radioactifs et solaires. Dans ces conditions, l'application d'un champ électrique suffisamment élevé entraîne l'apparition d'un courant électrique, rendant ainsi le gaz conducteur. La transition entre l'état isolant et l'état conducteur du gaz constitue une décharge électrique. Cette dernière peut être partielle ou complète selon qu'elle s'étale sur une partie ou tout l'intervalle de gaz entre les deux électrodes mises sous tension.

L'appellation « décharge électrique » recouvre plusieurs phénomènes différents les uns des autres et allant du micro claquage d'un intervalle d'air de l'ordre du micron soumis à quelques dizaines de volts à la décharge de foudre dont les canaux ionisés peuvent s'étaler sur plusieurs kilomètres entre nuage et sol portés à des tensions de l'ordre du millier de kilovolts.

Le champ électrique, contrainte appliquée au gaz, est responsable de la décharge. Il peut être continu ou variable avec des fréquences pouvant aller jusqu'à 10^{14} Hz pour des claquages engendrés par focalisation d'un faisceau de lumière cohérente de forte intensité dans un gaz « claquage laser » [7].

La pression du gaz joue un rôle important dans la nature et le développement de la décharge. Elle peut varier dans des proportions considérables allant du vide aux hautes pressions utilisées dans les générateurs de grande puissance.

La nature du gaz a aussi une grande influence sur le processus de décharge qui varie selon que le gaz est électropositif comme l'azote et les gaz rares ou électronégatif comme l'oxygène, la vapeur d'eau ou l'hexafluorure de soufre (SF_6).

Tous ces facteurs, nature du champ électrique, nature et pression du gaz font que même lorsque les décharges ont des dimensions comparables, elles présentent une grande diversité dans leur comportement phénoménologique. L'une des caractéristiques de cette diversité est le temps de claquage électrique du gaz qui varie de quelques nanosecondes à plusieurs millisecondes.

Dans ce chapitre, nous expliquerons les mécanismes d'initiation d'une décharge électrique dans l'air. Nous présenterons sommairement les différentes théories à partir des électrons primaires jusqu'à la décharge complète.

I.2. Mécanismes de formation des décharges

Aucune décharge électrique ne peut être initiée sans l'existence d'au moins un électron libre, appelé électron germe ou primaire, dans le volume du gaz. Les électrons germes peuvent être produits dans l'air par les rayonnements cosmiques, radioactifs et solaires ou une température élevée. Un photon suffisamment énergétique, généralement libéré par un atome métastable retrouvant son état d'équilibre peut également ioniser des molécules d'air et créer un électron germe :

$$A + h\nu \longrightarrow A^+ + e^-$$

L'électron libre, placé dans un champ électrique, est accéléré par ce dernier. Lors de son déplacement, il acquiert une énergie cinétique. La quantité d'énergie acquise dépend de la valeur du champ électrique mais aussi du libre parcours moyens (distance moyenne parcourue par l'électron libre entre deux chocs successifs). Il peut alors ioniser un atome ou une molécule, avec lesquels il entre en collision, si son énergie est supérieure ou égale à l'énergie d'ionisation de ces derniers. L'énergie nécessaire pour ioniser une molécule d'air constitué de 20 % d'oxygène (O_2) et 80 % d'azote (N_2), est d'environ 12,5 eV pour l'oxygène et 15,7 eV pour l'azote [8].

$$N + e^- \longrightarrow N^+ + 2\ e^-$$

L'ionisation d'une molécule neutre N du gaz par l'électron libre donne naissance à un ion positif et un électron libre supplémentaire qui, à son tour, sera accéléré et donnera naissance à un autre électron si son énergie est suffisante. C'est ainsi qu'une avalanche électronique se développera.

I.2.1. Phénomènes d'ionisation, d'attachement et de recombinaison

Les principaux mécanismes régissant la génération des porteurs de charges dans les gaz sont l'ionisation qui tend à augmenter leur densité et l'attachement et la recombinaison qui tendent à la réduire.

Ionisation

L'ionisation d'un atome peut se produire selon plusieurs processus :
- Par choc inélastique où l'énergie de la particule incidente (électron ou ion) est suffisante pour arracher un électron à l'atome

$$A + e^- \longrightarrow A^+ + 2\ e^-$$

- Par un photon suffisamment énergétique libéré soit par un atome métastable retrouvant son état d'équilibre soit par recombinaison de

deux particules chargées

$$A + h\nu \longrightarrow A^+ + e^-$$

Attachement

Le phénomène d'attachement se produit quand un électron rentre en collision avec un atome ou une molécule neutre du gaz pour former un ion négatif. L'attachement électronique est d'autant plus important que la molécule présente une plus grande affinité électronique. Le processus d'attachement des électrons peut se produire comme suit :

$$A + e^- \longrightarrow A^- + h\nu$$
$$A + B + e^- \longrightarrow A^- + B^*$$

B^* : atome excité par l'énergie libérée lors de l'attachement de l'électron avec l'atome A.

Recombinaison

C'est la neutralisation d'un ion positif par capture d'un électron ou d'un ion négatif suivant le schéma ci-dessous :

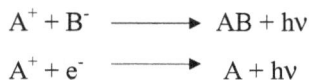

$$A^+ + B^- \longrightarrow AB + h\nu$$
$$A^+ + e^- \longrightarrow A + h\nu$$

La recombinaison et l'attachement électroniques peuvent jouer un rôle important dans le processus de décharge. Ils peuvent retarder l'initiation de la décharge ou l'inhiber complètement. Par conséquent, une multiplication électronique ne peut se produire que dans une région où les phénomènes d'ionisation sont plus importants que ceux de recombinaison et d'attachement. Pour l'air, cette condition est donnée par un champ réduit égal à $E/p = 26 \text{ kV.cm}^{-1}$ à la pression atmosphérique [9].

I.2.2. La multiplication électronique

Une avalanche électronique peut se développer en streamer si elle est initiée par un électron germe situé dans une zone appelée « volume critique ». Le volume critique est défini comme étant la région où d'une part, le champ électrique est supérieur au champ d'ionisation du gaz et d'autre part, l'avalanche électronique initiée par l'électron germe peut se développer sur une distance suffisante pour générer un streamer.

I.2.3. La décharge de Townsend

Townsend a développé une théorie dans laquelle il explique le phénomène de décharge à partir des observations des courants de conduction dans l'air, l'oxygène et l'hydrogène.

Après l'apparition du premier électron libre produit au niveau de la cathode ou dans le gaz par un agent ionisant (Rayons UV, chaleur, etc.), une avalanche électronique peut se développer sous l'action du champ électrique. L'accroissement d'une quantité dn d'un nombre initial n d'électrons libres qui dérivent d'une longueur dx dans un gaz à pression p sous l'effet d'un champ uniforme E, est donné par le coefficient

$$\alpha = \frac{1}{n}\frac{dn}{dx}$$

Ce coefficient α, caractérisant l'ionisation en volume au sein du gaz considéré, est appelé premier coefficient de Townsend. Il dépend du champ électrique, de la pression et de la nature du gaz. $\frac{\alpha}{p}$ croît avec $\frac{E}{p}$ avec une influence de la nature du gaz.

Chaque ionisation d'un neutre du gaz donne naissance à un électron libre et un ion positif qui se dirige vers la cathode où il donnera à son tour naissance à un nombre γ de nouveaux électrons, si son énergie est suffisante (supérieure à l'énergie d'ionisation du matériau constituant la cathode). Le coefficient γ, caractérisant l'ionisation en surface au niveau de la cathode, est appelé deuxième coefficient de Townsend.

Si i_0 représente un courant dû aux électrons produits par l'agent ionisant extérieur, le courant i d'une décharge qui s'établit entre les électrodes distantes de d est représenté par la relation classique :

$$i = i_0 \frac{e^{\alpha d}}{1 - \gamma(e^{\alpha d} - 1)}$$

Pour $\gamma(e^{\alpha d} - 1) = 1$, le courant du système devient infini, ce qui signifie que le courant i_0 n'est plus nécessaire à l'entretien de l'ionisation. La décharge est alors dite autonome.

$\gamma(e^{\alpha d} - 1) = 1$ constitue le critère de Townsend.

Lorsque le champ électrique n'est pas uniforme, ce qui peut se produire avec l'accumulation localement des ions positifs dans l'intervalle inter électrodes, la multiplication des électrons s'arrête dans les régions où le champ électrique est faible. Les électrons libres s'attachent alors à des atomes neutres du gaz. Afin de mieux décrire la multiplication électronique dans les zones à faible champ, où l'attachement ne peut plus être négligé, on est amené à écrire $\alpha = (\alpha' - \eta)$ où η est le coefficient d'attachement qui représente le nombre d'électrons qui s'attachent par unité de longueur et α' le coefficient d'ionisation total.

Dans le cas où le champ n'est plus uniforme, le critère de Townsend s'écrira :

$$\gamma \exp\left(\int_0^d \alpha dx - 1 \right) = 1$$

Pour que la décharge soit autonome, il est nécessaire que les ions positifs, les photons et les métastables qui apparaissent dans l'espace inter-électrodes produisent au moins un électron pour remplacer tout électron qui quittera la zone

11

d'ionisation. Pour Townsend, le passage à la décharge autonome est dû à l'effet γ (émission d'électrons secondaires par les ions positifs qui tombent sur la cathode).

I.2.4. La décharge streamer

A la suite de mesures de temps de décharge effectuées par Rogowski, le mécanisme proposé par Townsend est remis en cause par Raether, Meek [10] et Loeb [11] lorsque les valeurs du produit de la pression par la distance (p.d) sont supérieures à 250 kPa.mm.

En effet la théorie de Townsend semble incapable d'expliquer certains phénomènes observés dans l'expérience :
- Le courant de décharge, pour des surtensions importantes atteint des valeurs notables avant même que la première avalanche se soit écoulée et à fortiori avant que les ions de cette avalanche aient atteint la cathode pour en extraire des électrons secondaires.
- La décharge n'est plus diffuse, comme celle étudiée par Townsend, mais concentrée en un canal étroit avec des ramifications et des changements de direction (étincelle).

Pour résoudre ces difficultés, Raether et Meek proposent une théorie différente, « La théorie des streamers ».

Pour Raëther, d'abord une première avalanche se forme. Ensuite, sous l'effet de la photo ionisation due aux rayonnements émis par la première avalanche, de nouvelles avalanches prennent naissance et donnent naissance à leur tour à d'autres avalanches dans le volume du gaz. Au cours de leur développement, les diverses avalanches se rattrapent les unes les autres et se confondent en formant un canal conducteur qui relie les deux électrodes et permet à un arc de se développer.

Pour Meek, une instabilité d'origine électrostatique apparaît localement, au sein du gaz, pour une valeur critique du nombre d'électrons en tête d'une avalanche électronique. Cette valeur (environ 10^8 électrons) correspond à un champ de charge d'espace, en tête d'une avalanche individuelle, de l'ordre du champ appliqué entre les électrodes. Il en résulte la formation de filaments ionisés, les streamers, qui peuvent établir un court circuit entre les deux électrodes avant que tout mécanisme d'émission secondaire n'ait eu le temps de s'établir au niveau de la cathode, donc avant l'arrivée des ions positifs sur cette dernière.

Les concepts développés par Raether et Meek sont en bon accord avec la propagation de la décharge de foudre [12].

I.2.5. Les plasmas

Le gaz ionisé a été désigné par le terme de plasma pour la première fois en 1923 par les physiciens américains I. Languir et L. Tonks. Le plasma est constitué de particules chargées : ions et électrons tel que l'ensemble soit électriquement neutre.

On distingue deux grandes catégories de plasmas :
- Les plasmas chauds dont la température des électrons est voisine de celle du gaz (5000 à 50 000 K). Des énergies importantes sont mises en jeu. C'est le cas des arcs utilisés en soudure.
- Les plasmas froids dont la température des électrons est suffisante (10^4 K) pour provoquer un nombre important de collisions inélastiques, alors que la température du gaz est voisine de la température ambiante. L'énergie

mise en jeu est convertie en réactivité chimique et non pas en énergie thermique comme c'est le cas pour les plasmas thermiques.

Les décharges qui se développent en haute tension sont à plasma froid. Elles présentent, par conséquent, une importante réactivité chimique qui est nuisible pour les isolations mais utile dans certaines applications industrielles.

L'étude des gaz a pour objectif :
- soit d'inhiber la décharge dans le cas des isolations des machines électriques, des lignes de transport d'énergie électrique,…
- soit de produire et de contrôler la décharge électrique dans les domaines de traitement de surface, des lampes à décharge, de la dépollution...

La liste des secteurs concernés par les isolants gazeux est longue, c'est pourquoi l'étude des problèmes se rapportant au claquage des intervalles gazeux revêt un grand intérêt.

I.3. Conclusion

Le phénomène de décharge électrique dans les gaz reste assez complexe bien que de grandes avancées aient été faites grâce au développement des moyens de diagnostic des mécanismes qui le régissent [5,6]. Ceci est dû aux nombreux facteurs dont dépendent l'initiation et le développement des décharges qui présentent une grande diversité dans leur comportement phénoménologique. Parmi ces facteurs, nous citerons la nature et la pression du gaz, la forme des électrodes, le type de tension appliquée. A ce titre, bien que dans les applications industrielles la tension alternative soit la plus utilisée, les études faites sur les mécanismes de décharge restent principalement limitées aux contraintes en tensions continue ou impulsionnelle positive et à un degré moindre négative. Ceci dénote de la difficulté à traiter, en tension alternative, des phénomènes variables dans le temps en termes de grandeur et de polarité.

La complexité des décharges devient encore plus importante avec l'introduction dans le gaz, d'un isolant solide. C'est justement sur ce type d'isolation gaz/solide que portera notre étude.

Chapitre II

Décharges électriques de surface

II.1. Introduction

Les surfaces diélectriques soumises à des champs électriques tangentiels constituent la partie la plus vulnérable de l'isolation des systèmes à haute tension. La compréhension des mécanismes d'initiation et de propagation des décharges surfaciques aiderait beaucoup dans la conception d'isolateurs de haute performance.

La décharge électrique surfacique ou de surface (surface discharge) désigne une décharge électrique qui se produit en contact avec la surface d'un diélectrique solide placé dans un gaz ou un liquide isolant. Selon la disposition et la forme des électrodes, de l'isolant fluide (gaz ou liquide) et de l'isolant solide, on peut distinguer deux catégories de décharges se produisant à la surface d'un solide isolant :

- Les décharges à barrière diélectrique ou « dielectric barrier discharges » (DBD) (Fig.II.1) où les isolants gazeux et solide sont généralement en série entre les deux électrodes et avant de se propager sur la surface du solide, la décharge se développe d'abord dans le volume du gaz.
- Les décharges glissantes (Fig.II.2) où les deux électrodes sont toujours en contact avec la surface du diélectrique solide. La décharge électrique prend naissance et se développe dans le gaz en restant en contact avec la surface de l'isolant solide sur laquelle elle se propage.

Dans la suite de notre travail nous nous intéresserons aux interfaces air/solide.

L'interaction de la décharge électrique avec le solide se produit aussi bien pour la DBD que pour la décharge glissante. Par conséquent, les deux types de décharge ont un effet sur les propriétés physico-chimiques du solide, point que nous développerons dans le chapitre IV. C'est pour cette raison que nous nous intéresserons principalement aux décharges glissantes mais nous évoquerons aussi les décharges à barrière diélectrique.

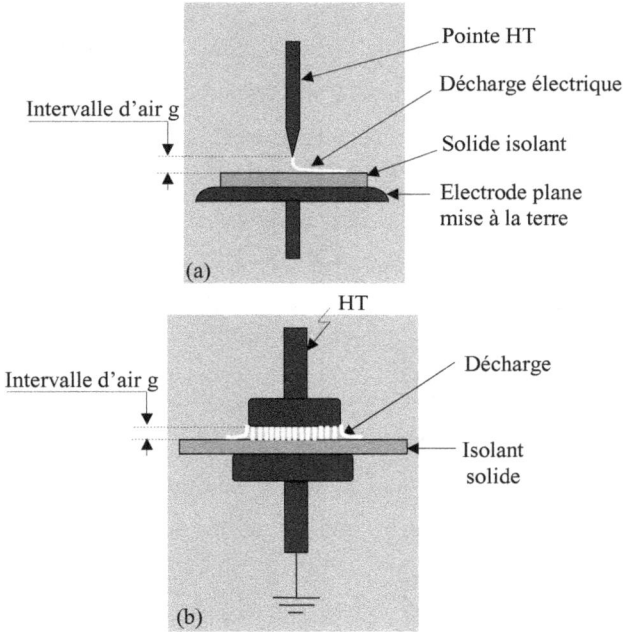

Fig.II.1   Décharges à barrière diélectrique
         a)   Système pointe-plan
         b)   Système plan-plan

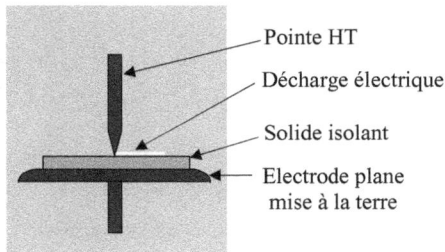

Fig.II.2 Système à décharges glissantes

Pour les isolations, les décharges surfaciques constituent une contrainte électrique qu'il s'agit d'éliminer ou, le cas échéant, de réduire pour allonger la durée de vie de l'isolation.

Les décharges de surface sont aussi largement développées dans l'industrie, principalement pour le traitement de surface des polymères [2] mais aussi des métaux et la dépollution particulièrement des gaz [3].

Dans ce chapitre, nous passerons en revue les différents phénomènes superficiels puis nous présenterons une étude bibliographique sur les décharges glissantes pour retracer les étapes importantes qui ont marqué leur étude.

II.2. Les phénomènes superficiels

La présence de parois isolantes dans les gaz ne peut être négligée et cela d'autant plus que la pression du gaz est faible. Les surfaces de corps solides, qu'ils soient conducteurs ou isolants, agissent de diverses manières sur les gaz au contact desquels elles se trouvent.

II.2.1 Les principaux processus

1) Emission primaire au niveau des parois des solides :
    - de particules neutres sous l'effet de la chaleur (dégazage ou évaporation)
    - de particules chargées sous l'effet de la chaleur ou du champ électrique (effet de champ).

2) Réflexion de photons et de particules matérielles neutres ou chargées.

3) Emission secondaire de particules neutres ou chargées issues du solide sous l'impact de particules matérielles chargées ou non ou de photons extérieurs.

4) Absorption des particules chargées, des particules neutres, des photons :
- neutralisation par écoulement de charges pour les solides conducteurs,
- conservation de charges pour les solides isolants.

Tous ces phénomènes sont localisés dans les couches moléculaires superficielles de la paroi matérielle et les particules primaires ou secondaires sortant des parois ont une faible énergie [13].

II.2.2. Action des électrons sur les parois du solide

Lorsqu'un faisceau d'électrons tombe sur une paroi solide, celle-ci émet à son tour des électrons. Le coefficient d'émission secondaire γ est défini comme étant le rapport du nombre d'électrons arrachés à la paroi du solide au nombre total d'électrons incidents.

II.2.3. Action des ions sur les parois du solide

Les ions peuvent, en bombardant une surface isolante, en arracher des électrons secondaires. Townsend attribue le passage de la décharge non autonome à la décharge autonome au phénomène d'émission secondaire par les ions positifs qui bombardent la cathode.

II.2.4. Absorption et adsorption au niveau des parois du solide

Lorsque des photons ou des particules matérielles, chargées ou non, bombardent une surface isolante, une partie peut être absorbée par la surface, l'autre partie est réfléchie. L'absorption consiste à lier la molécule absorbée à une molécule de la paroi du solide, ce qui entraîne sa disparition par transformation ou modification chimique.

Il y a adsorption lorsque les particules incidentes se fixent à la paroi du solide sous l'effet des forces de Van der Waals sans qu'elles se transforment. Les molécules adsorbées demeurent dans leur forme originelle, mais ne sont plus en suspension dans le gaz. L'adsorption est d'autant plus notable que la surface effective présentée au gaz est importante.

II.3. Les décharges de surface
II.3.1. Etude bibliographique

C'est en 1777 que Lichtenberg [14] a matérialisé pour la première fois les décharges électriques par un dépôt de poudre sur la surface d'un isolant solide soumis à des décharges glissantes. Cette méthode a été dénommée initialement « La méthode des figures de Lichtenberg », puis plus tard « la méthode des figures de poudre » (a dust figure method). Les figures II.3 et II.4 montrent des traces de décharges obtenues par cette méthode par Murooka et al. [9].

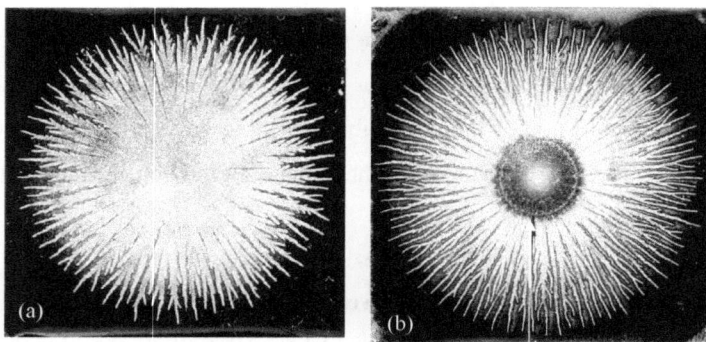

Fig.II.3. Figures de décharges positives obtenues par la méthode de poudre.
Tension impulsionnelle carrée : U = + 12 kV. (a) : largeur d'impulsion = 10×10^{-9}s. (b) : largeur d'impulsion = 450×10^{-9}s. [14]

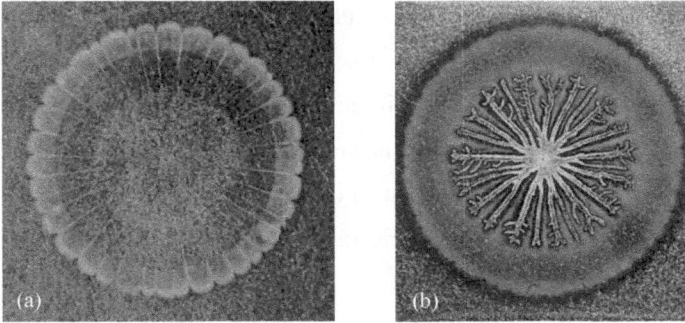

Fig.II.4. Figures de décharges négatives obtenues par la méthode de poudre.
Tension impulsionnelle carrée : U = + 12 kV. (a) : largeur d'impulsion = 10×10^{-9}s.
(b) : largeur d'impulsion = 920×10^{-9}s. [14]

En 1788, Villarsy [14] découvre que lorsque la surface sur laquelle s'est produite la décharge électrique est saupoudrée avec une poussière rouge d'oxyde de plomb et une poudre blanc-jaune de soufre, on obtient l'image de la décharge en couleur. L'oxyde de plomb se charge positivement, alors que la poudre de soufre se charge négativement.

La figure II.3.a. montre des streamers couronne positifs en forme d'arborescence se développant de façon radiale à partir du centre. Dans la figure II.3.b., en plus des streamers, nous pouvons observer une décharge inverse négative au centre.

La figure II.4.a. montre au centre (couleur jaune-blanc de la poudre de souffre) une accumulation de charges positives. A la périphérie s'accumule la charge négative (couleur rouge de l'oxyde de plomb). Sur la figure II.4.b. on peut observer la décharge inverse positive qui se développe en branches radiales à partir du centre.

En 1884, Ducretet trouve une nouvelle technique pour visualiser la décharge de surface en utilisant une émulsion photosensible (fig.II.5) [14]. Cette méthode est appelée « la méthode des figures photographiques ». C'est une méthode optique basée sur la sensibilisation du film photosensible par la lumière émise par la décharge. Par conséquent, ces figures matérialisent les régions où se produisent les phénomènes qui émettent une lumière.

En 1906, le physicien allemand Toepler [14] entreprend des études systématiques sur

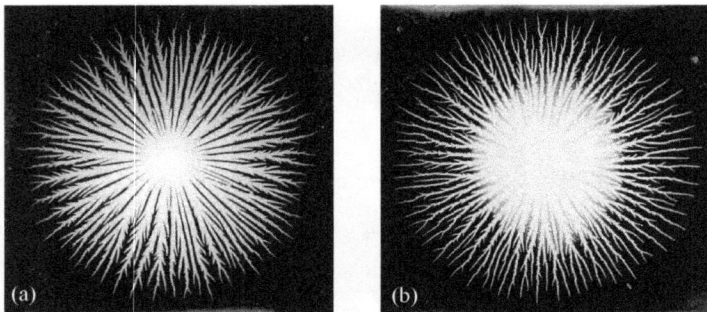

Fig.II.5. Figures de décharges positives enregistrées par la méthode photographique. Tension impulsionnelle carrée : U = + 12 kV. (a) : largeur d'impulsion = 10×10^{-9}s. (b) : largeur d'impulsion = 450×10^{-9}s. [14]

les décharges glissantes en matérialisant leurs traces lumineuses sur des plaques de verre recouvertes d'une émulsion photosensible. Il établit des lois empiriques sur les décharges glissantes et mesure leur vitesse de propagation. Il trouve que la décharge positive se développe à une vitesse de 0,59 à 3,56 10^6 m/s, alors que celle de la décharge négative est de 0,13 à 5,5 10^4 m/s.

En 1922, le suédois Pedersen [14] mesure la vitesse de propagation du streamer couronne (corona streamer). Il trouve 4.10^5 m/s pour la décharge positive et 1.10^5 m/s pour la décharge négative.

En 1929 Toriyama [14] découvre un nouveau phénomène qui se produit au centre de la principale branche de la décharge. Il s'agit d'une décharge qui se produit en sens inverse après l'arrêt de la tension appliquée. Il appela ce phénomène « an after discharge ». Plus tard, H. Merril et Von Hippel [15] l'appelèrent «back discharge » qu'on peut traduire par « décharge inverse ». Ils montrent aussi l'influence de la nature et de la pression du gaz sur la forme des figures de décharges, en mettant l'accent sur l'effet « d'étouffement » obtenu dans les gaz électronégatifs. Ils mettent également en évidence le fait que les images obtenues proviennent de l'émission lumineuse de la décharge et non pas d'une altération du support liée à un effet d'origine thermique.

En 1931, Shinonara [16] arrive à mesurer le temps statistique de la décharge de surface avec une précision de 10^{-9}. Le temps statistique croit avec la tension appliquée et avec la diminution de la pression du gaz. Il est plus important en polarité positive qu'en polarité négative de la pointe.

En 1951, Fujitaka [17] invente une nouvelle technique (le klydonographe) pour enregistrer la décharge à la surface d'un isolant de forme arrondie.

En 1959, Nasser [14] étudia la décharge de surface en utilisant la technique de la photographie et en appliquant une impulsion positive de tension de forme carrée d'une durée de l'ordre de quelques nanosecondes. Il obtient la vitesse de propagation de la décharge streamer : $(4 \text{ à } 5).10^{6}$ m/s.

En utilisant la même technique que Nasser, Waidmann [18] mesura en 1964 la vitesse de propagation du streamer négatif : $(6,8 \text{ à } 8,0).10^{5}$ m/s.

En 1972, Murooka et al [19] étudièrent les phénomènes de décharge glissante en utilisant la méthode photographique et celle des figures de poudre et en appliquant à la surface du solide une impulsion de forme carrée. Ils réussirent à étudier l'influence de chacun des facteurs principaux tel que le niveau de la tension appliquée, la durée de l'impulsion et la pression sur les caractéristiques de la décharge.

En 1973, Kawashima [20] utilise une caméra à convertisseur d'images pour étudier le phénomène de décharge surfacique et en 1974, Sone [21] utilisa la technique du cristal liquide pour prendre des images de la décharge de surface.

T. Takada [22] mit au point en 1991 une nouvelle technique utilisant l'effet Pockels . Cette technique permet d'étudier la forme de la décharge et de suivre l'évolution dans le temps de la distribution de la densité de charge positive et négative déposée par la décharge sur la surface de l'isolant.

La décharge de surface due à une impulsion carrée de quelques nanosecondes de durée fut étudiée par Murooka et al [14] en se basant sur la mobilité des charges positives et des charges négatives ainsi que sur l'effet de l'accumulation de charges. Ils considèrent que le mouvement des électrons est déterminant dans le phénomène de décharge de surface. C'est pourquoi ils ont étudié la vitesse et la répartition des électrons à la surface du solide en fonction de la tension appliquée et de la pression du gaz. A l'aide de la poudre de soufre et d'oxyde de plomb, ils étudièrent aussi la décharge inverse. Le diamètre de la décharge, aussi bien en polarité positive que négative, augmente avec la largeur de l'impulsion de tension carrée appliquée et il croit avec la diminution de la pression du gaz.

Le phénomène de décharge de surface est gouverné par le comportement des électrons produits par ionisation due aux collisions électrons/neutres et au phénomène de photoionisation.

La figure II.6 représente la pointe d'un streamer positif obtenue par la méthode des cristaux liquides [21]. La couleur sombre de la partie centrale indique qu'aucune lumière n'est émise dans cette zone où, par conséquent, il n y a pas de recombinaison électrons/ions positifs. Les ions positifs restent pratiquement à l'endroit où ils sont produits alors que les électrons se déplacent rapidement vers l'anode. Ceci est dû à la différence de mobilité entre ces particules [21]:

Ions positifs : 2,5 cm^2/V.s   Electrons : $(10^2 - 10^3)$ cm^2/V.s

A la pression de 1 atmosphère, le diamètre d'un streamer positif est approximativement de 100 µm [14].

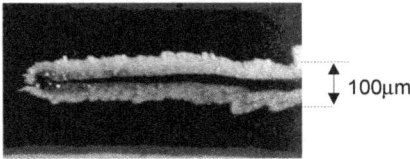

Fig.II.6. Image de la pointe d'un streamer couronne obtenue
par la méthode des cristaux liquides [14]

A. R. Blithe et G. E. Carr [7] s'intéressent aux possibilités d'ignition des mélanges combustibles par les décharges électriques sur des plaques isolantes chargées. Ils montrent que le seuil de densité de charge sur la surface nécessaire à la propagation de la décharge dépend de l'épaisseur du support isolant.

M. Chiba et al [7] montrent comment on peut guider une décharge de surface par une rayure taillée sur la paroi de l'isolant et ils s'interrogent sur la propagation par bonds de la décharge glissante similaire à celle du premier précurseur de la foudre « stepped leader ».

L'étude des décharges de surface connut un grand essor avec l'accroissement du nombre de problèmes rencontrés en pratique telles que les dégradations des surfaces des espaceurs utilisés dans les câbles de puissance et des barrières utilisées dans les transformateurs à haute tension.

Malgré la   mise en œuvre de ces différentes méthodes d'étude des décharges surfaciques, il est difficile d'analyser théoriquement les phénomènes liés à ces décharges parce qu'ils dépendent de plusieurs facteurs tels que la tension appliquée, la forme de l'onde de tension, la pression et la nature du milieu gazeux où est plongé l'isolant solide, la nature et la forme de ce dernier, etc.

II.3.2. Décharge inverse

C'est en 1929 que Toriyama [23] découvre le phénomène de décharge inverse.

Il s'agit d'une décharge positive qui se produit à la suite d'une décharge négative principale ou inversement, c'est à dire d'une décharge négative qui se produit à la suite d'une décharge positive principale. La décharge inverse apparaît un instant avant que la tension passe par zéro [14]. Les conditions critiques d'apparition de la décharge en retour ont été étudiées en utilisant la technique de l'effet Pockels [24].

En polarité positive de la tige, les avalanches électroniques se dirigeant vers cette dernière laissent une charge d'espace positive (ions) sur l'isolant solide alors qu'en polarité négative ce sont des électrons et des ions négatifs qui sont déposés sur l'isolant solide. Lorsque la tension instantanée appliquée tend vers zéro, la contrainte électrique entre la charge d'espace et l'électrode croit et une décharge inverse ou de « neutralisation » peut se produire juste après le passage par zéro de la tension.

II.3.3. Les lois de Toepler

Nous examinerons les lois empiriques qui régissent la propagation radiale des figures de décharges glissantes telles que les a formulées M. Toepler [14].

Pour réaliser son étude sur les décharges glissantes, Toepler utilise deux électrodes, une pointue et une plane, séparées par une plaque de verre d'épaisseur (e), de permittivité relative ε_r recouverte par une émulsion photosensible. La pointe est alimentée par la décharge d'un condensateur à travers un éclateur. La durée de front de l'onde de tension est contrôlée par une résistance R disposée dans le circuit électrique.

C'est avec cette configuration que Toepler a pu mettre en évidence l'existence de deux catégories distinctes d'étincelles, et ceci en faisant varier très rapidement la tension appliquée à la pointe $\left(\dfrac{dV}{dt} = 10^8 kV/s \right)$:

- Il appela les étincelles de la première catégorie « gerbes polaires ». Elles sont matérialisées par leur luminosité diffuse, à symétrie circulaire autour du pôle que constitue l'électrode pointue. Des rayons divisent les traces circulaires en secteurs lorsque la polarité est négative. En polarité positive, l'aspect des gerbes polaires est moins ordonné et la structure lumineuse est formée par une multitude de filaments indéfiniment ramifiés. C'est en analysant ces gerbes polaires qu'il a remarqué que leur extension radiale – le rayon (r) de la gerbe polaire – est proportionnelle à la tension impulsionnelle V appliquée à l'électrode. C'est ainsi qu'il nous donne sa première loi :

  - En polarité positive : $\dfrac{V}{r} = 5{,}5 kV/cm$

  - En polarité négative : $\dfrac{V}{r} = 11{,}5 kV/cm$

Comme on le voit, l'extension radiale de ces gerbes polaires est indépendante de l'épaisseur du diélectrique.

- La deuxième catégorie d'étincelles, Toepler les appela « Gerbes glissantes ». Elles apparaissent lorsque la tension appliquée sur l'électrode pointe dépasse un seuil critique V_s qui est fonction de l'épaisseur et de la permittivité diélectrique de la plaque isolante. La symétrie circulaire des gerbes polaires est alors rompue et des canaux d'étincelles apparaissent accompagnant la propagation des gerbes polaires.

La valeur absolue de la tension V_s est une fonction de la capacité surfacique du matériau diélectrique et suit une loi de la forme :

$$\varepsilon_0 \varepsilon_r \frac{V_s^2}{e} = Cste$$

qui constitue la 2e loi de Toepler.

Pour le verre par exemple, pour qui $\varepsilon_r \approx 6$:

- En polarité positive : $V_s = 45\sqrt{e}$

- En polarité négative : $V_s = 48,5\sqrt{e}$

  V_s en [kV] et e en [cm]

II.3.4. Propriétés de la décharge de surface
II.3.4.1. Tension d'apparition des décharges de surface

En 1954, Dakin, Philofsky et Divens [25] ont montré que la tension d'apparition des décharges de surface sur une plaque d'isolant d'épaisseur e et de permittivité relative ε_r placée entre deux électrodes en forme de tige dans l'air à une pression de 0,1 Mpa est donnée par la relation suivante :

$$V_i = k \left(\frac{e}{\varepsilon_r} \right)^{0,46} kV_{max}$$

Hallek [26] a établi pratiquement la même relation en utilisant un système d'électrodes tige-plan :

$$V_i = 0,2 \left(\frac{e}{\varepsilon_r} \right)^{0,5} kV_{max}$$

En tension alternative sinusoïdale, les décharges apparaissent principalement dans les cadrans où la tension instantanée est croissante en valeur absolue [12].

II.3.4.2. Propagation du streamer – Influence de la polarité de la pointe

- **Streamer positif**

En polarité positive, pratiquement toutes les figures de la décharge de surface présentent une forme d'arborescence.

Pourquoi la décharge sous tension impulsionnelle présente-t-elle une forme en arborescence et une enveloppe générale circulaire ?

Quand la tension de polarité positive est appliquée à l'électrode pointue placée au centre du disque isolant, la décharge streamer démarre de la pointe de l'électrode et se développe de façon radiale en ionisant les molécules d'air. Dans la phase initiale (faible rayon de la décharge), le champ électrique radial est le même au sommet de chaque streamer, alors que les champs électriques dans le sens orthogonal (perpendiculaire aux rayons) se neutralisent entre eux. D'où le développement des streamers dans le sens radial sans ramifications. C'est là une explication de la forme circulaire de l'enveloppe de la décharge et de l'inexistence de ramifications. Quand les streamers s'allongent, la circonférence de l'enveloppe de la décharge devenant plus grande, de même pour les distances entre les sommets des streamers, le champ orthogonal au sommet de chaque streamer n'est plus complètement neutralisé par le champ des streamers adjacents, des ramifications prennent alors naissance. D'où le développement de la décharge en forme d'arborescence.

En polarité positive de la pointe, il a été établi expérimentalement et théoriquement que le champ électrique dû à la charge d'espace créée par l'accumulation d'ions positifs produits à la pointe du streamer se superpose au champ électrique appliqué pour donner un champ résultant plus important au niveau de la pointe du streamer [14]. Ce qui permet à ce dernier de se propager même si le champ appliqué devient inférieur au champ d'ionisation des molécules du gaz.

- **Streamer négatif**

    En polarité négative de la pointe, de nombreux électrons émis par cette dernière se déplacent suivant une direction radiale et ionisent les molécules du gaz sur leur chemin. A cause de leur faible mobilité, les ions positifs produits dans les avalanches électroniques s'accumulent et forment une charge d'espace au voisinage de l'électrode négative. L'augmentation du champ électrique au voisinage de la cathode dû à cette charge d'espace est appelée la chute cathodique « a cathode fall ». Cette charge d'espace empêchera le streamer négatif de se propager plus loin en créant un champ qui s'opposera au champ appliqué. C'est là une raison pour laquelle la longueur du streamer négatif est plus petite que celle du streamer positif [14].

II.3.4.3. Longueur du streamer en fonction de la tension et de la pression

La longueur du streamer augmente avec la tension et diminue avec l'augmentation de la pression.

Le rapport $\dfrac{R_p(V)}{R_0(V)}$ ne dépend que de la pression [14].

$R_p(V)$: longueur du streamer à la pression p pour une tension V.

$R_0(V)$: longueur du streamer à la pression $p_0 = 1$ atmosphère pour une tension V.

Pour une pression constante, ce rapport ne varie pas avec le niveau de tension appliquée si la largeur de l'impulsion reste constante.

II.3.4.4. Tension de claquage de l'interface gaz/solide

Lorsqu'un isolant solide est placé entre deux électrodes, le claquage de l'isolation se produit dans le gaz à la surface du solide à une tension V_F inférieure à la tension de claquage V_G du gaz seul et le rapport V_F/V_G décroît [12] :

- avec l'augmentation de la permittivité ε_r du solide,
- quand la pression du gaz augmente (V_G augmente dans ce cas),
- s'il existe un mauvais contact entre l'isolant solide et les électrodes,
- lorsque la durée de l'impulsion de tension augmente,
- à l'inversion de la polarité de l'impulsion,
- avec l'augmentation de la fréquence en tension alternative,
- quand la surface est polluée.

A l'état sec et propre, la diminution de la tension de contournement du solide est la conséquence de la concentration de la contrainte électrique au niveau de la triple jonction gaz-solide-conducteur.

Plus la permittivité relative de l'isolant solide est élevée, plus la contrainte électrique dans le gaz sera grande. C'est le cas de la porcelaine et du verre utilisés dans les chaînes d'isolateurs. Des décharges sont initiées à la surface du solide isolant à des tensions relativement faibles. Des photons et des ions générés par ces décharges provoquent l'augmentation de l'émission électronique secondaire et l'apparition d'autres décharges le long de l'isolant solide qui vont se développer et conduire au claquage si la contrainte électrique est suffisamment élevée [27].

Lorsqu'une impulsion appliquée n'entraîne pas un claquage, les charges qu'elle laisse sur le solide affecteront les décharges suivantes : la tension de claquage augmente si une impulsion de même polarité est appliquée et diminue si la polarité est inversée.

Dans un système d'électrodes pointe-plan, la longueur de la décharge surfacique est nettement plus grande en polarité positive qu'en polarité négative [12] (Fig.II.7). Ce résultat est confirmé par Murooka et al. [14].

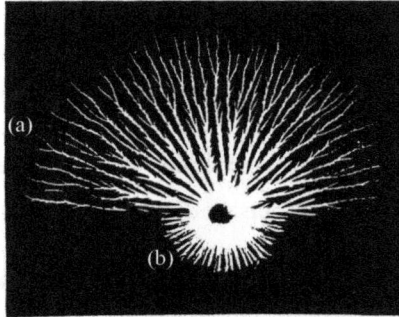

Fig.II.7. Figures de Lichtenberg enregistrées par la méthode photographique sur une plaque en plexiglas dans un système tige-plan soumis à une tension impulsionnelle de 50 kV en polarité (a) : positive ; (b) : négative. [12]

En tension alternative, les décharges en alternance négative n'arrivent pas à neutraliser les charges laissées par les décharges en alternance positive qui sont plus grandes [12]. Ainsi, un anneau chargé positivement se forme à la surface de l'isolant après plusieurs alternances successives. Les charges seront neutralisées lorsqu'un claquage intervient suite à une élévation de la contrainte radiale.

J.H. Mason [28] a montré (Fig.II.8) que la tension de décharge de surface V_F croit avec l'épaisseur efficace (e/ε_r) ($t/\varepsilon r$ dans la figure II.8) et le rayon de la plaque isolante (marge M dans la figure II.8). La tension de contournement est réduite lorsque l'humidité se forme, particulièrement par condensation, à la surface de l'isolant.

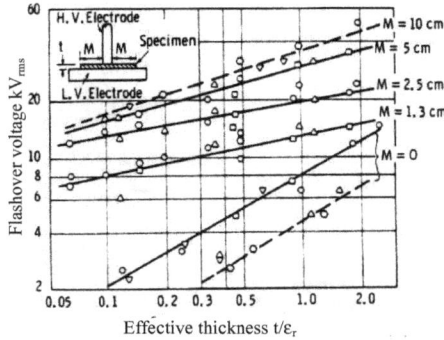

Fig.II.8. Tension de contournement d'une plaque de plexiglas soumise à une tension
alternative 50 Hz, à 20°C, 0,1 Mpa et 45 % d'humidité [28]

II.3.5. Similarité de la décharge glissante avec la décharge de foudre

En étudiant les décharges glissantes, on remarque que leur propagation est
similaire à celle de la foudre [7], mais ce n'est pas en ce seul aspect visuel que
les similitudes entre les deux phénomènes existent. En effet, en plus de cette
ressemblance à caractère optique, les deux décharges ont la capacité de se
propager sur de longues distances sous l'effet d'un champ électrique faible par
rapport au champ disruptif. La comparaison ne s'arrête pas là, puisque l'ordre
de grandeur des vitesses de propagation est la même ($v = 10^6$ m/s) ainsi que le
processus de propagation par bonds qui est identique dans les deux décharges.

II.3.6. Paramètres influençant les décharges de surface
II.3.6.1. La résistivité superficielle

A Kawshim et S. Holt ont montré que la tension d'apparition de la
première décharge glissante dépend surtout de la résistance superficielle de
l'isolant [29]. Dans la figure II.9 ils montrent la variation de la tension
d'apparition de la décharge glissante en fonction de la résistance superficielle
pour sept matériaux différents (Bakélite, verre, époxyde, téflon, acrylique et
polyéthylène). La tension d'apparition de la décharge couronne de surface
diminue avec la résistance superficielle du solide isolant. 10^{16}

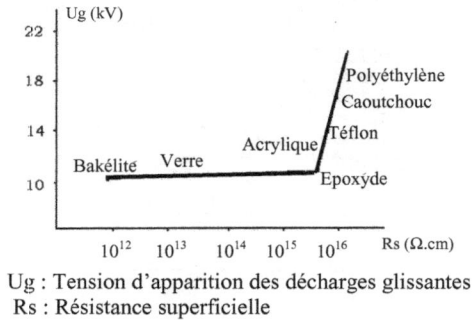

Ug : Tension d'apparition des décharges glissantes
Rs : Résistance superficielle

Fig.II.9. Tension d'apparition des décharges glissantes en fonction
de la résistance superficielle du matériau [29]

II.3.6.2. La permittivité relative

D'après la 2e loi de Toepler, il existe une relation entre la tension d'apparition des décharges glissantes et la permittivité relative du diélectrique solide :

$$\varepsilon_0 \varepsilon_r \frac{V_s^2}{e} = Cste$$

Les relations établies par Dakin, Philofsky et Divens [25] et par Hallek [26] montrent que la tension d'apparition des décharges glissantes est inversement proportionnelle à la racine de la permittivité du diélectrique solide.

II.3.6.3. Paramètres géométriques

Les résultats des essais réalisés par J. Lewis montrent que le polissage de la surface du diélectrique augmente la tension de claquage par décharges glissantes [30].

Le rayon de courbure de l'électrode pointe a une grande influence sur les décharges de surface. La tension d'apparition de ces décharges est d'autant plus faible que le rayon de courbure de la pointe de l'électrode haute tension est petit [31]. Ceci est dû au fait que le champ électrique au niveau de la pointe augmente avec la diminution du rayon de courbure de la pointe.

Lorsque la pointe est en forme de paraboloïde, la tension d'apparition de la décharge superficielle augmente légèrement avec le diamètre de l'électrode haute tension [32].

La figure II.8 montre que la tension de contournement augmente avec le diamètre du solide isolant [12,25,28] et avec son épaisseur [25,26]. Ceci peut s'expliquer par l'augmentation de la ligne de fuite.

II.3.7.Claquage en surface d'isolants pollués

Dans la présente étude nous ne nous intéresserons pas aux décharges sur les interfaces gaz-solide polluées qui ont fait l'objet de nombreux travaux expérimentaux et de modélisation [33-39].

Les isolateurs d'extérieur sont soumis à différentes pollutions : embruns marins salés ou fumées et poussières qui s'accumulent en temps sec et s'humidifient par la rosée du matin ou le brouillard pour former un électrolyte qui facilitera la circulation de courants de fuite. L'échauffement généré par ces courants va provoquer l'assèchement de certains tronçons de la ligne de fuite. Une concentration de la tension aux bornes de ces bandes sèches « dry bands » va provoquer des décharges partielles qui s'allongent rapidement pour se transformer en arc si la contrainte électrique est suffisamment élevée [40].

Dans le contournement d'isolateurs pollués, la conductivité de la couche de pollution, donc le courant de conduction joue un rôle principal.

II.4. Les décharges à barrière diélectrique (DBD)

II.4.1. La décharge à barrière diélectrique volumique

Les décharges à barrière diélectrique utilisent généralement des tensions alternatives. Elles s'établissent entre deux électrodes séparées par un isolant gazeux et une barrière diélectrique (Fig.II.1). Cette dernière joue le rôle d'un condensateur en série avec le plasma, ce qui a un effet stabilisateur. Un grand nombre de micro-décharges se produisent dans l'espace inter-électrodes. L'accumulation de charges électroniques sur la barrière entraîne la formation d'un champ électrique local inverse stoppant les avalanches électroniques et le flux de courant après quelques nanosecondes [41]. A l'inversion de la polarité, les charges électroniques se dirigent vers l'électrode de signe opposée.

II.4.2. La décharge à barrière diélectrique surfacique

Cette décharge est établie entre au moins deux électrodes placées de part et d'autre d'un diélectrique.

Roth [42] utilise ce type de décharge pour contrôler l'écoulement d'un gaz à la surface du diélectrique. Les premières configurations utilisées par Roth sont représentées sur la figure II.10

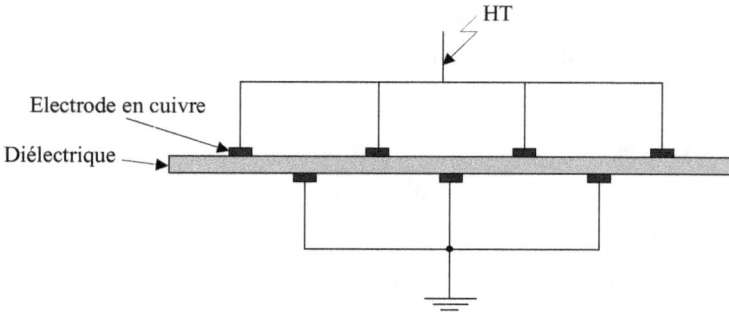

Fig.II.10. Configuration géométrique des électrodes utilisées
par Roth pour établir la décharge de surface

Les électrodes sont des bandes très fines en cuivre distantes de quelques millimètres. Une haute tension sinusoïdale est appliquée aux électrodes posées sur la face supérieure et celle(s) placée(s) sur la face inférieure est (sont) mise(s) à la terre. La haute tension est de plusieurs kilovolts avec des fréquences allant de 1 à 20 kHz. Roth a donné le nom de OAUGDP (One Atmosphere Uniform Glow Discharge Plasma) à cette nouvelle configuration qu'il a mise en place à la fin des années 90 aux Etats-Unis [42].

II.4.3. Application des décharges surfaciques dans l'industrie

Les plasmas froids sont des plasmas hors équilibre thermodynamique. Ils sont utilisés dans de nombreuses applications. Ce sont des gaz ionisés dans lesquels la température des « lourds » (neutres et ions) demeure proche de l'ambiante alors que les électrons atteignent des énergies élevées (10 – 12 eV soit environ 10^5 K). Par impact direct de ces électrons énergétiques sur les molécules ou atomes de gaz, sont produites des espèces hautement réactives (ions, espèces excitées et radicaux dans le cas de dissociation de molécules). Ce sont ces espèces et leurs produits de recombinaison qui interagiront avec les surfaces.

Pour produire un plasma froid stable à l'aide d'une décharge électrique à pression atmosphérique, on doit éviter le développement de la décharge vers l'arc électrique (plasma thermique). Une méthode de prévention de l'arc électrique consiste à interposer dans le volume de décharge une barrière diélectrique (Fig.II.11).

Un champ issu du potentiel créé en surface du diélectrique par dépôt de charges s'oppose au champ appliqué. Des niveaux de courant impulsionnel élevés peuvent alors être atteints sans passage à l'arc.

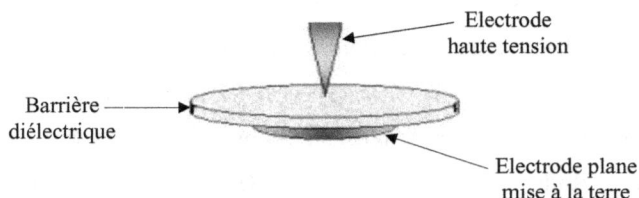

Fig.II.11. Décharge DBD pointe-plan

Parmi les plasmas froids, les décharges électriques de surface à pression atmosphérique constituent une technologie d'intérêt pour certains secteurs industriels :

- Traitement de surfaces [43] : Pour améliorer la mouillabilité et les propriétés d'adhésion des surfaces des polymères pour diverses applications :
    o Fixer certaines molécules biologiques sur la surface du polymère [44]
    o Impression sur des polymères

- Décontaminer (aseptiser) des milieux biologiques par l'effet germicide de la décharge [45],
- Dépollution, traitement d'eau potable [3],
- Production d'ozone [46,47],
- Dépôts et gravure [43,48],
- Ecran plasma [49].

L'avantage de l'utilisation des décharges de surface dans l'industrie est :
- leur bon fonctionnement à pression atmosphérique,
- la possibilité de travailler avec diverses formes géométriques des électrodes et des surfaces des polymères à traiter,

- une puissance électrique réduite,
- des coûts réduits.

II.5. Conclusion

Les premières expériences qui ont permis de matérialiser les décharges surfaciques ont été réalisées par Lichtenberg en 1777. Il a fallu attendre plus d'un siècle pour que Toepler, dans une étude systématique du phénomène, établisse les premières lois empiriques.

Diverses techniques ont été mises au point pour décrire les décharges de surface et étudier l'influence que certains facteurs exercent sur elles tels que le niveau, la forme et la polarité de la tension, la pression du gaz et les caractéristiques électriques et géométriques du solide l'isolant.

La décharge inverse a été découverte et des interprétations de ce phénomène ont été données.

Les décharges à la surface de barrières isolantes font l'objet d'études dans le cadre de leur application dans l'industrie. Elles sont utilisées particulièrement dans le domaine du traitement de surface et de la dépollution.

Par rapport au grand nombre d'études consacrées aux claquages électriques entre deux électrodes, les investigations sur les décharges de surface restent peu nombreuses et souvent orientées vers des descriptions phénoménologiques. La plupart des travaux se rapportent à des phases plus tardives dans l'évolution de la décharge. Les tensions utilisées sont principalement impulsionnelles de forme carrée et de faible durée (quelques dizaines de nanosecondes au maximum). Ceci s'explique par le souci de rendre moins complexe l'étude du phénomène en éliminant l'influence de certains facteurs.

L'étude des décharges de surface en tension alternative a réalisé une grande avancée grâce à l'utilisation d'une nouvelle technique de mesure, l'effet Pockels, qui permet d'observer et de quantifier la charge à la surface du diélectrique durant l'essai sans pour autant influencer la décharge.

Chapitre III

Décharges de surface sous tension alternative 50 Hz

III.1. Introduction

Dans ce chapitre, nous nous intéresserons à l'étude de la décharge superficielle en tension alternative 50 Hz. Nous décrirons d'abord le dispositif expérimental et les échantillons de polymère que nous avons utilisés pour effectuer nos essais. Nous présenterons ensuite la morphologie des décharges superficielles sous tension alternative 50 Hz que nous avons observées à l'aide d'une caméra numérique. Nous analyserons dans la partie suivante les courbes de courant de décharge enregistrées à l'aide d'un oscilloscope à mémoire. Nous discuterons leur forme : temps de montée, temps de descente et amplitude. Nous étudierons l'influence de la tension appliquée, de l'épaisseur de l'isolant solide et de l'insertion d'une couche d'air sur le courant de décharge maximum. Nous caractériserons ensuite la décharge par la puissance et le courant actif développés. La charge associée à la décharge fera l'objet d'une étude en fonction du niveau et de la polarité de la tension et de l'épaisseur du solide isolant.

III.2. Montage expérimental

Le schéma de l'installation expérimentale que nous avons utilisée est montré dans la figure III.1. L'alimentation haute tension est assurée par un transformateur d'essai monophasé 100 kV, 10kVA, 50Hz placé dans une cage de Faraday. La variation de la tension se fait à l'aide d'un autotransformateur se trouvant au niveau du pupitre de commande.

Les décharges glissantes sont obtenues à l'aide de deux électrodes, l'une pointue et l'autre plane placées sur les deux faces d'un isolant solide en forme de disque. L'électrode acérée est reliée à la borne haute tension du transformateur et l'électrode plane à la terre. L'ensemble est placé dans l'air.

Pour éviter les effets de bord, nous avons arrondi les bords de l'électrode plane de 13 cm de diamètre. L'électrode haute tension est un cylindre de 3 mm de diamètre qui se termine par une pointe de 0,05 cm de rayon de courbure.

Les échantillons de solide isolant que nous utiliserons sont des disques de styrène acrylonitrile (SAN) de 13 cm de diamètre et de différentes épaisseurs. Pour chaque niveau de tension, nous utiliserons un échantillon différent.

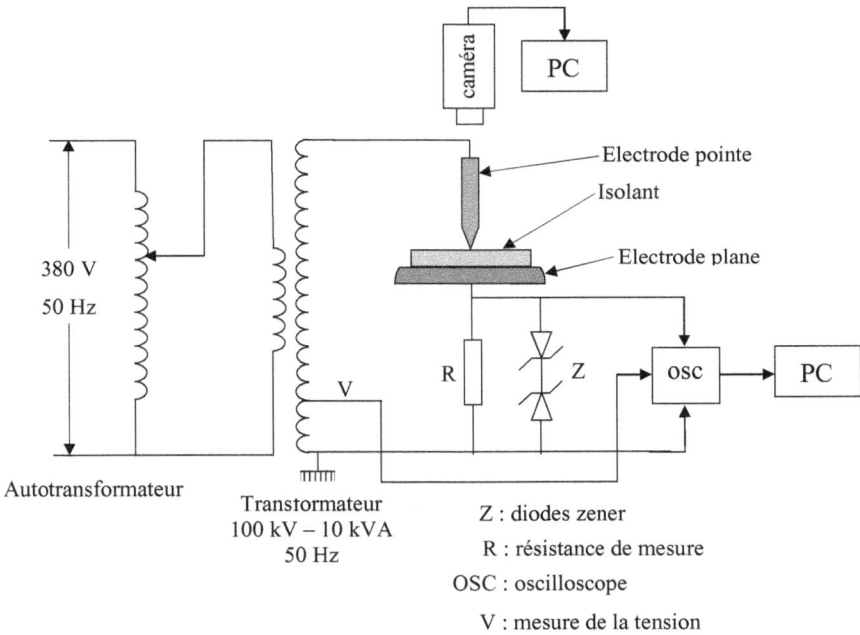

Fig.III.1. Schéma du dispositif expérimental

Pour étudier le courant de décharge de surface, nous avons utilisé un oscilloscope à mémoire que nous avons branché aux bornes d'une résistance R de 940 Ω. L'oscilloscope de marque HAMEG type HM1705-2 a une bande passante de 150 MHz, une impédance d'entrée de 1 MΩ et un taux d'échantillonnage de 200 MS/s. L'oscilloscope numérique offre l'avantage de faciliter l'acquisition de signaux de fréquence élevée et à faible taux de répétition qui peuvent être affichés sous forme d'impulsions étroites. Les informations obtenues et enregistrées par l'oscilloscope sont transmises à un ordinateur via une interface RS 232 pour y être traitées.

Pour assurer la protection de l'oscilloscope contre d'éventuelles surtensions, nous avons placé, des diodes Zener en tête bêche qui court-circuiteront la résistance de mesure R dès que la tension à ses bornes atteindra une valeur de sécurité que nous avons fixée à 264 volts sachant que la tension d'entrée admise est de 400 Vmax.

L'oscilloscope est utilisé en mode dual pour visualiser simultanément la tension appliquée à l'échantillon et le courant de décharge et en mode single pour enregistrer la forme des impulsions de courant. Pour chaque niveau de tension, nous enregistrerons en mode numérique l'impulsion de plus grande amplitude.

Lors des essais préliminaires, nous avons constaté la présence de parasites qui peuvent influencer les mesures, donc les fausser. Pour atténuer leur influence, à défaut de les éliminer complètement, nous avons couvert tous les appareils de mesure avec du papier aluminium que nous avons relié à la terre (cage de Faraday) et torsadé les fils de connexion pour réduire la surface présentée aux champs perturbateurs et réduire, par conséquent, les phénomènes induits.

III.3. Morphologie des décharges de surface

Dans cette partie, nous décrirons la forme des décharges glissantes en fonction de l'amplitude de la tension appliquée.

Nous avons utilisé le montage de la figure III.1 pour enregistrer la forme de la décharge en tension alternative 50 Hz. Les images prises à l'aide d'une caméra numérique de marque Sony (Modèle DCR-HC14E) sont transférées dans l'ordinateur à travers un câble Fire Wire IEEE 1394 relié à une carte d'acquisition et elles sont triées et sélectionnées en utilisant le logiciel Pinnacle10.

Nous avons constaté que les décharges se présentent sous forme de streamers à une ou plusieurs branches (Fig.III.2 et III.3). Leur développement n'est ni symétrique ni toujours radial comme les décharges obtenues en tension impulsionnelle et rapportées dans la bibliographie. Elles présentent des branches qui tournent autour de la pointe. D'après [24], ces déviations de la trajectoire des canaux du streamer positif par rapport à la direction radiale sont dues à l'influence de la charge superficielle négative résiduelle laissée par les décharges précédentes sur les décharges streamers positives. Ces charges donnent des déviations de la trajectoire des canaux du streamer positif par rapport à la direction radiale. Par contre la charge superficielle résiduelle positive aurait peu d'influence sur le développement radial du streamer [24].

Après l'apparition du premier streamer, la photoionisation accroît la probabilité de création de nouvelles avalanches secondaires. En se développant, les différentes avalanches feront jonction entre elles et formeront des streamers à plusieurs branches [50].

L'émission d'électrons secondaires à partir de la surface de l'isolant est déterminante dans la multiplication du nombre d'électrons [51].

La photoionisation est un facteur important dans la propagation du streamer et la distribution de la charge superficielle [52]. Les électrons peuvent être produits par ionisation de l'air et de la surface du solide isolant et de nouvelles avalanches peuvent se former à la pointe du streamer qui se propagera alors avec des ramifications.

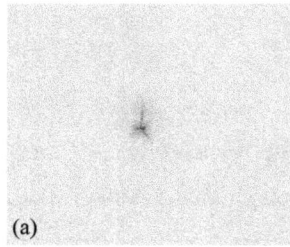

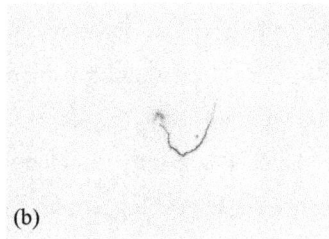

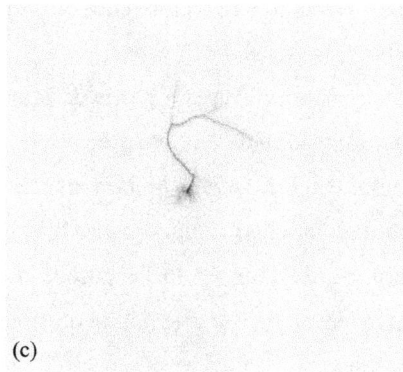

Fig.III.2. Forme des décharges pour des tensions
a) 10 kV ; b) 15 kV ; c) 20 kV

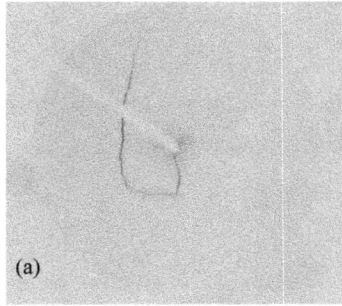

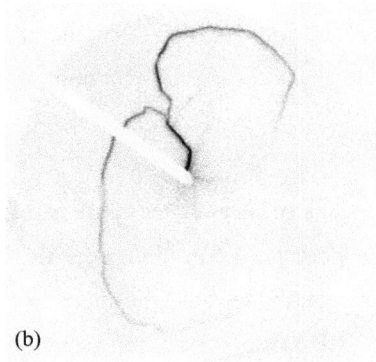

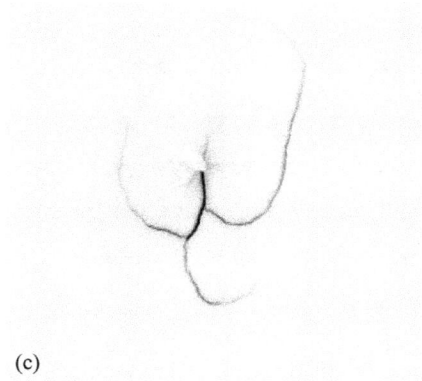

Fig.III.3. Forme des décharges pour des tensions
a) 30 kV ; b) 32 kV ; c) 34 kV

III.4. Courant de décharge de surface

III.4.1. Introduction

Une explication du processus de décharge peut être obtenue à partir de l'étude de la forme de l'impulsion de courant de décharge. Avec le développement des techniques de mesure, il est possible d'obtenir les caractéristiques des impulsions de courant. Ce qui nous permettra une meilleure compréhension du comportement de l'isolation, en particulier le processus de dégradation sous l'action des décharges électriques.

L'enregistrement des impulsions se fera à l'aide d'un oscilloscope digital HM1507 avec une bande passante de 150 MHz et un taux d'échantillonnage de 200MS/s.

Dans cette partie nous présentons les résultats expérimentaux de l'étude des courants de décharge pour des échantillons de SAN.

En faisant varier la tension appliquée nous mesurons les plus grandes impulsions positives et négatives. Ces mesures sont faites pour plusieurs épaisseurs de l'isolant solide sous tension alternative en système pointe-plan.

III.4.2. Mesure du courant maximum de décharge

Le courant associé aux décharges de surface est enregistré à l'aide de l'oscilloscope à mémoire. La tension instantanée d'essai est visualisée à travers la voie 1 et le courant de décharge instantané est envoyé dans la voie 2 de l'oscilloscope. La figure III.4 montre le courant de décharge avec deux composantes distinctes:

- le courant capacitif dû principalement à la présence de l'isolant solide entre les deux électrodes qui se comporte comme un condensateur ou capacité (d'où le nom donné à ce courant). Ce courant est proportionnel à la tension appliquée avec laquelle il est déphasé de $\pi / 2$:

$$I_c = -C \frac{dV}{dt}$$

Où C désigne la capacité du solide isolant.

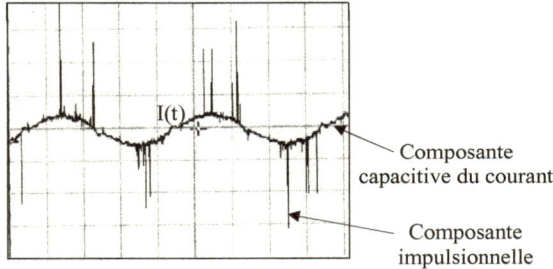

Fig.III.4. Courant de décharge I(t)

-   Le courant impulsionnel qui est un courant actif dû aux décharges à la surface de l'isolant solide. Les impulsions de courant sont moins nombreuses mais elles ont une amplitude plus grande en alternance positive qu'en alternance négative.

Pour des tensions supérieures à la tension d'apparition des premières impulsions, on remarque que les impulsions se décalent du pic de tension tel que relevé aussi par [30,53].

Les impulsions de courant apparaissent (Fig.III.5) durant le premier cadran de chaque alternance positive et négative de la tension [54].

Le nombre et l'amplitude des impulsions augmentent avec la tension appliquée aussi bien en alternance positive que négative.

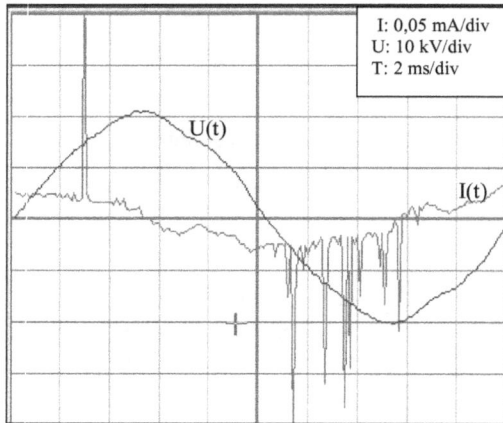

Fig.III.5. Courbes de tension et de courant de décharge

En alternance négative, nous avons remarqué qu'une décharge de forte intensité est souvent suivie par une autre d'intensité plus faible (Fig.III.6)

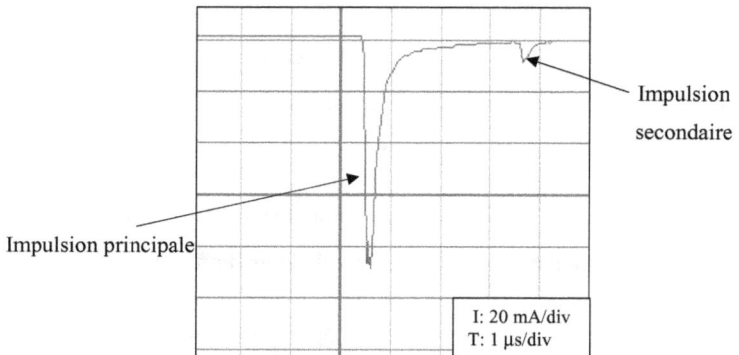

Fig.III.6. Apparition d'une décharge négative secondaire
après chaque décharge négative de grande amplitude

Le même phénomène est observé par Y. Manabe et al. [33] en utilisant une haute tension impulsionnelle négative. D'autre part une perturbation ponctuelle de la tension appliquée se produit à chaque apparition d'une impulsion de courant de forte amplitude.

L'amplitude des impulsions varie dans une grande plage, c'est pourquoi nous nous intéresserons, pour chaque niveau de tension, aux impulsions de courant négative et positive ayant la plus grande amplitude. En fonction de la nature et des dimensions de l'isolant solide ainsi que de la tension appliquée, nous caractériserons ces impulsions maximales de courant par leur :

- amplitude
- charge
- temps de montée
- temps de descente

Nous enregistrons d'abord l'impulsion de courant maximale en utilisant le mode numérique d'acquisition de signaux de l'oscilloscope. En jouant sur la position du curseur du seuil de déclenchement on détermine l'impulsion maximale pour chaque valeur de tension appliquée à l'échantillon. Pour choisir la polarité de l'impulsion à mesurer, il suffit de placer ce curseur au-dessus de la ligne de référence 0 volt pour la polarité positive et au-dessous pour la polarité négative en adoptant le mode de déclenchement front montant pour la première et front descendant pour la deuxième. Une fois l'impulsion maximale enregistrée et toutes les données la caractérisant (tableau des valeurs) transmises à l'ordinateur via l'interface RS 232, nous procédons au calcul de la charge par intégration en utilisant le logiciel de calcul Matlab. Nous déterminons également les temps de montée et de descente ainsi que l'amplitude de l'impulsion.

III.4.2.1. Forme des impulsions du courant de décharge

Les figures III.7 et III.8 montrent la forme des impulsions de courant positive et négative. Pour une même tension, l'amplitude des impulsions positives est plus grande que celle des impulsions négatives (Fig.III.9).

La période d'activité (temps entre l'apparition de la première impulsion et l'extinction de la dernière impulsion pendant une alternance) s'élargit quand la tension appliquée augmente.

L'apparition par intermittence des décharges est due à l'accumulation puis la disparition de la charge sur le solide isolant. En effet, la charge qui s'accumule à la surface du solide réduit le champ électrique appliqué et la décharge s'éteint [1].

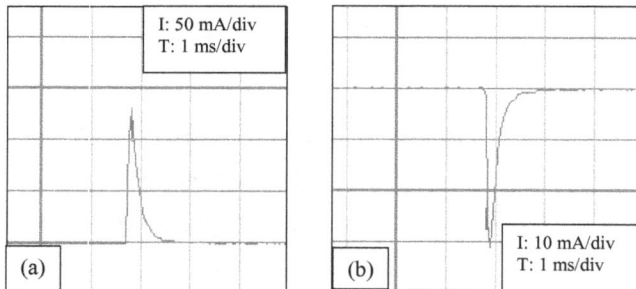

Fig. III.7. Impulsions de courant sous 16 kV
  a) Positive
  b) Négative

Avec l'augmentation de la tension (partie croissante de l'alternance) le champ augmentera et une nouvelle décharge apparaîtra. Alors que lorsque la tension décroît (2e quadrant de l'alternance), une fois la décharge inhibée par la charge d'espace, elle reste éteinte jusqu'à ce que la tension reprenne sa croissance après son passage par zéro. Ceci explique la non-apparition ou du moins le nombre très réduit de décharges durant la phase de décroissance de la tension (Fig.III.9).

Tableau III.1. Temps de montée et de descente d'une impulsion de courant de décharge

	Impulsion positive	Impulsion négative
Temps de montée moyen T_m (µs)	0.07	0.04
Temps de descente moyen T_d (µs)	0.93	0.97
Durée totale moyenne T_t (µs) = T_m + T_d	1.01	1.01

Le temps de montée moyen des impulsions positives est supérieur à celui des impulsions négatives (Fig.III.8) et (Tableau III.1) alors que la durée totale moyenne de l'impulsion est la même pour les deux polarités.

Avec l'inclusion d'une couche d'air de 3 mm entre l'électrode pointe et le solide isolant, nous avons constaté que le temps de montée moyen de l'impulsion positive augmente légèrement; il passe à 0,09 µs alors qu'il reste constant pour l'impulsion négative. Les faibles temps de montée correspondent à une grande vitesse de propagation du streamer. En polarité positive, les impulsions caractérisent les streamers [55]. Ceux-ci se propagent plus vite sur la surface du solide que dans l'air grâce à la photo ionisation et à la photo émission du solide isolant. Alors qu'en polarité négative, les impulsions de Trichel caractérisent un régime diffus ou homogène [55].

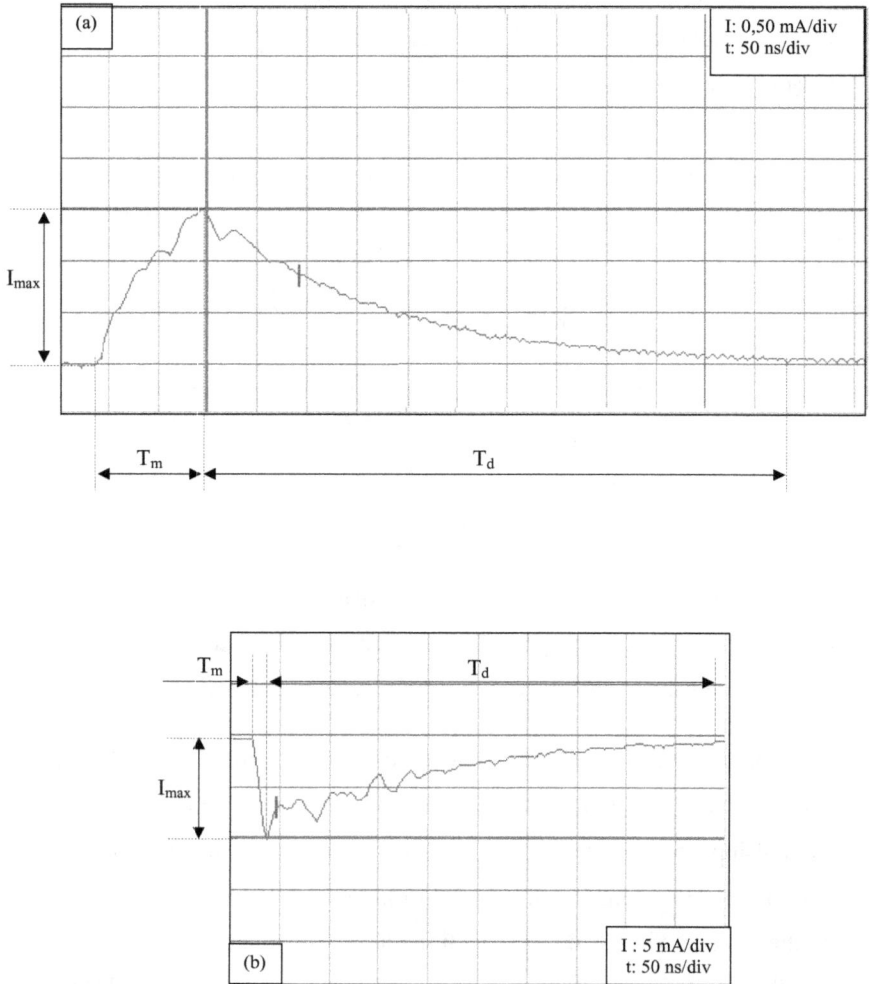

Fig.III.8. Caractéristiques d'une impulsion de courant
a) Positive
b) Négative

Si le temps moyen de montée des impulsions négatives reste constant avec l'inclusion de la couche d'air, par contre le temps moyen de descente passe de 0,97 à 1,46 μs. Ceci s'explique par le fait que le temps de montée est dû au déplacement des électrons qui ont une grande mobilité alors que le temps de descente est dû au déplacement des ions qui, en plus de leur faible mobilité sont ralentis par la charge qui s'accumule à la surface du diélectrique solide [1] .

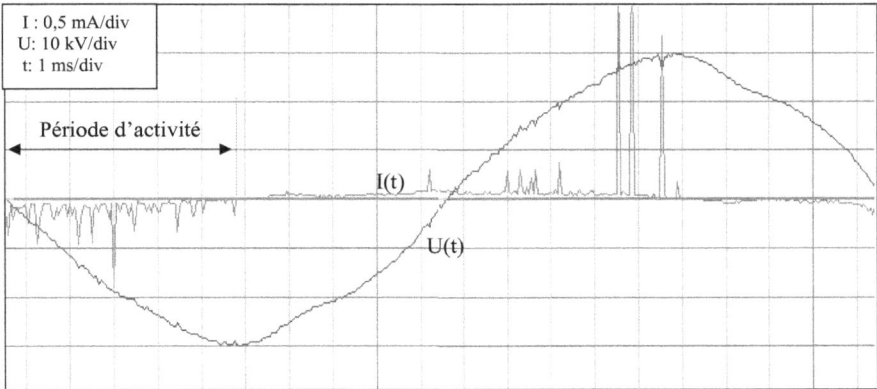

Fig.III.9. Nombre et amplitude des impulsions en polarités positive et négative

III.4.2.2 Influence de la tension sur le courant maximum de décharge

Les figures III.10 et III.11 montrent le courant maximum en polarités positive et négative pour les épaisseurs respectivement de 3 et 6 mm de SAN.

Nous constatons que l'amplitude du courant augmente avec la tension appliquée pour les deux polarités. L'amplitude des impulsions positives est d'environ 4 à 7 fois plus grande que celle des impulsions négatives. Nous avons vu dans l'étude bibliographique que les streamers positifs se développent sur des distances plus longues que celles des streamers négatifs. Nous pouvons conclure qu'aux décharges de plus grande extension correspond le plus grand courant dont les effets sur la surface isolante seront plus néfastes.

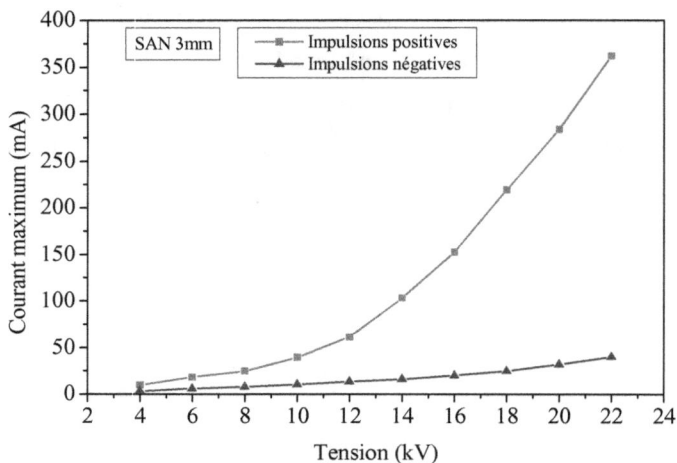

Fig.III.10. Courant maximum en fonction de la tension
pour une plaque de SAN de 3 mm d'épaisseur

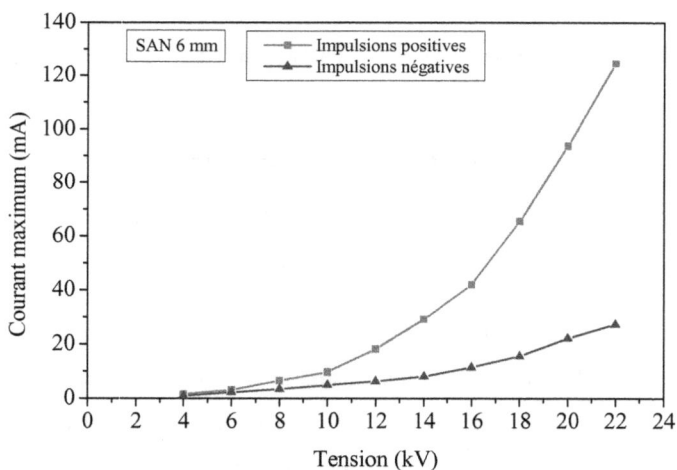

Fig.III.11. Courant maximum en fonction de la tension
pour une plaque de SAN de 6 mm d'épaisseur

     La variation de l'amplitude du courant de décharge de surface en fonction de la tension appliquée et pour différentes épaisseurs est donnée par les figures III.12 et III.13 respectivement en polarités positive et négative.

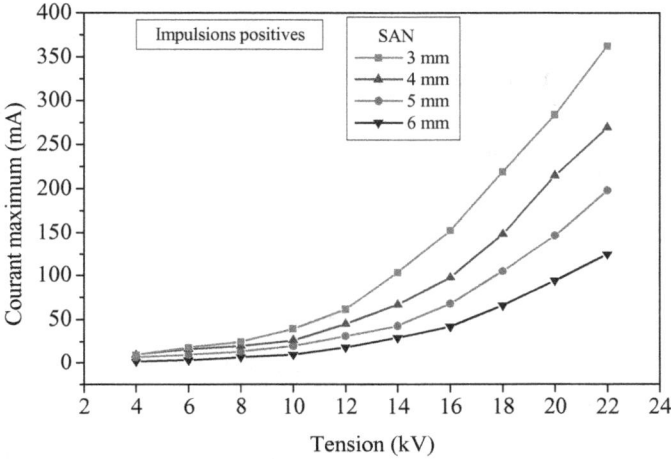

Fig.III.12. Courant maximum en fonction
de la tension en polarité positive

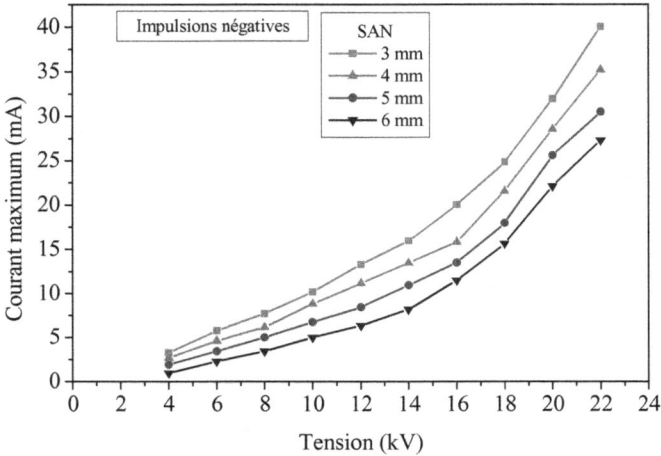

Fig.III.13. Courant maximum en fonction
de la tension en polarité négative

L'amplitude maximale des impulsions positives de courant croît légèrement avec la tension jusqu'environ 12 kV. A partir de cette valeur de tension, la croissance du courant devient plus prononcée. Pour l'épaisseur de 3 mm de SAN l'amplitude du courant est multipliée par 7 quand la tension passe de 12 à 22 kV. Alors que l'amplitude des impulsions négatives varie relativement moins en fonction de la tension.

III.4.2.3. Influence de l'épaisseur de l'isolant solide sur le courant maximum de décharge

Les figures III.14. et III.15. montrent que l'amplitude des impulsions de courant diminue avec l'augmentation de l'épaisseur du solide isolant pour les deux polarités, mais la diminution est moins importante pour les impulsions négatives. Une extrapolation des courbes de courant maximum Imax en fonction de l'épaisseur e de l'isolant nous donne une annulation du courant positif pour une épaisseur d'environ 7,5 mm et du courant négatif pour une épaisseur d'environ 12 mm pour la gamme des tensions utilisées.

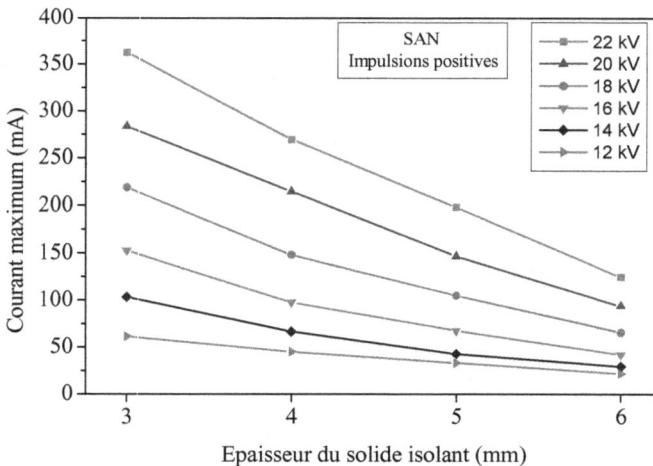

Fig.III.14. Courant maximum en fonction de l'épaisseur du solide isolant en polarité positive

Ceci montre que les   décharges persistent à des épaisseurs plus grandes en polarité négative, ce qui pourrait s'expliquer par le fait que les décharges apparaissent à des tensions plus faibles en polarité négative.

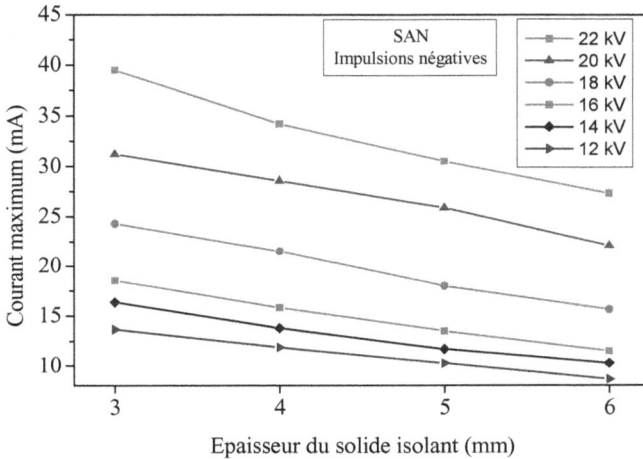

Fig.III.15. Courant maximum en fonction de l'épaisseur
du solide isolant en polarité négative

III.4.2.4. Influence de la permittivité du solide isolant sur le courant maximum de décharge

Nous comparons les courants de décharge pour deux isolants solides de même épaisseur mais de permittivités différentes : le verre et le SAN dont les permittivités relatives respectives sont 6 et 3.

Nous avons mesuré les permittivités des matériaux que nous avons utilisés à l'aide d'un analyseur d'impédance modèle HP4284A muni d'une cellule de mesure de type HP16451B. Cet appareil nous permet de mesurer la résistance R, l'inductance L, le facteur de dissipation tgδ et la capacité C en fonction de la fréquence réglable de 20 Hz à 1 MHz. La permittivité est déduite de la mesure de la capacité à l'aide d'une relation qui dépend de la configuration de la cellule de mesure.

La permittivité joue un rôle capital dans la répartition du champ électrique à l'intérieur d'une isolation composée. En effet, on sait qu'aux interfaces il y a conservation de la composante normale de l'induction électrique ($D_{n1}=D_{n2}$) lorsque la surface de séparation est exempte de charges libres, ce qui signifie que la répartition du champ électrique s'effectue en raison inverse des permittivités ($\varepsilon_{r1}E_1 = \varepsilon_{r2}E_2$). Le champ dans l'air à la surface du solide sera d'autant plus élevé que la permittivité de ce dernier est élevée.

Nous constatons que pour une même tension appliquée, le courant de décharge est plus important pour l'isolation de plus grande permittivité aussi bien en alternance positive qu'en alternance négative (Fig.III.16 et III.17). Ce résultat est qualitativement en accord avec la 2e loi de Toepler.

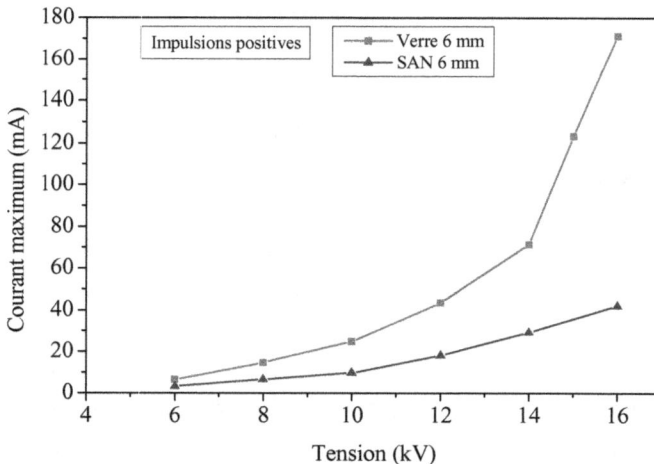

Fig.III.16. Influence de la permittivité du solide isolant sur
le courant maximum de décharge en alternance positive

En effet, d'après cette loi, la tension d'apparition des décharges glissantes est inversement proportionnelle à la racine carrée de la permittivité du solide isolant. Par conséquent, pour une même tension appliquée, la décharge sera plus importante sur l'isolant de plus grande permittivité. Les isolants qui présentent une grande permittivité tel que le verre et la porcelaine, placés dans l'air, ils subiront une contrainte électrique plus importante.

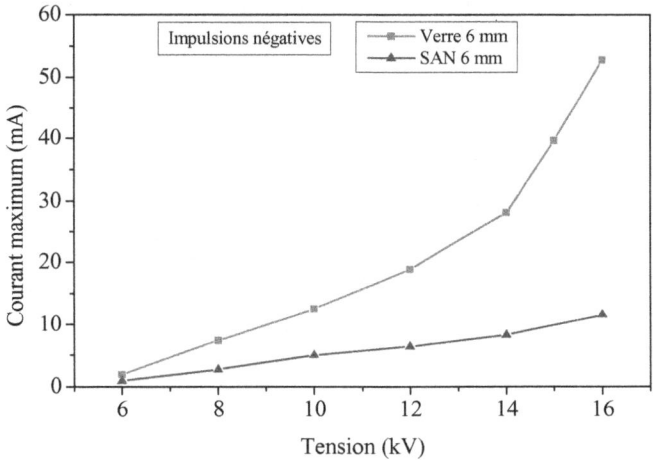

Fig.III.17. Influence de la permittivité du solide isolant
sur le courant maximum de décharge en alternance négative

III.4.2.5. Influence de l'insertion d'une couche d'air, en série avec le solide

isolant, sur le courant maximum de décharge

Nous avons inclus une mince couche d'air entre la pointe de l'électrode haute tension et l'isolant solide de telle sorte que la décharge se produit dans le volume d'air avant d'atteindre la surface de l'isolant solide (Fig.III.18).

Pour une distance inter électrodes de 6 mm, nous avons utilisé une plaque de SAN de 3 mm en série avec une couche d'air de 3 mm ensuite une plaque de SAN de 5 mm en série avec une couche d'air de 1 mm.

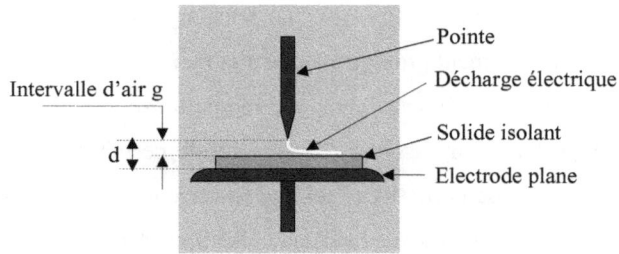

Fig.III.18. Système d'électrodes pointe-plan avec inclusion
d'une couche d'air entre la pointe et le solide isolant

Nous constatons que pour une épaisseur donnée de l'intervalle d'air (3 mm ou 1 mm), l'amplitude des impulsions positives de courant augmente avec la tension appliquée alors que celle des impulsions négatives reste pratiquement constante (Fig.III.19 et III.20). En polarité négative, l'accumulation d'électrons à la surface du solide isolant empêche le champ électrique de croître [56] et les décharges ne se développent plus malgré l'augmentation de la tension [57].

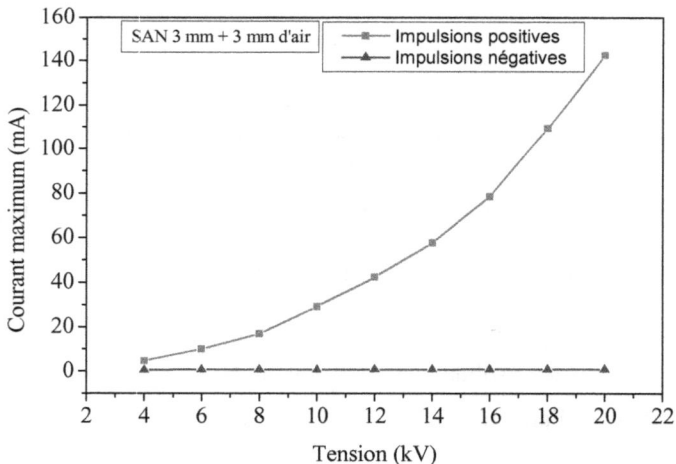

Fig.III.19. Influence d'une couche d'air de 3 mm
sur le courant maximum de décharge

Le champ électrique est aussi réduit par l'accumulation d'ions négatifs formés par attachement d'électrons libres avec les molécules d'oxygène dans l'intervalle d'air, l'oxygène étant électronégatif [56].

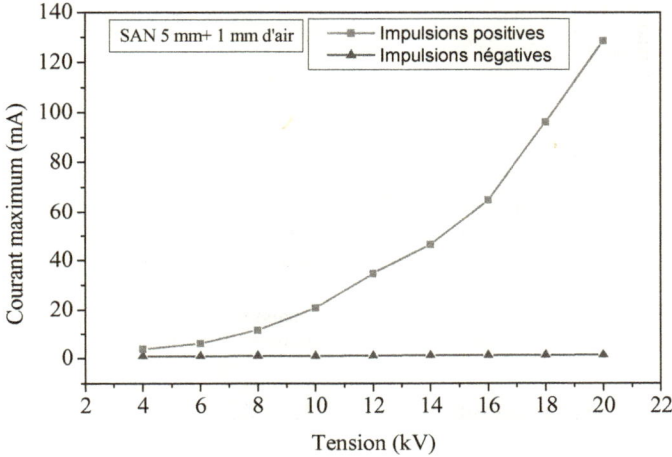

Fig.III.20. Influence d'une couche d'air
de 1 mm sur le courant maximum de

La figure III.21 montre que l'amplitude du courant de décharge augmente lorsque la proportion (g/d) occupée par l'air dans la distance inter électrodes augmente.

Pour une même distance entre électrodes, le courant impulsionnel est plus intense en présence d'une couche d'air. Plus de particules réactives sont produites et l'action de la décharge sur la surface du solide isolant sera, par conséquent, plus importante.

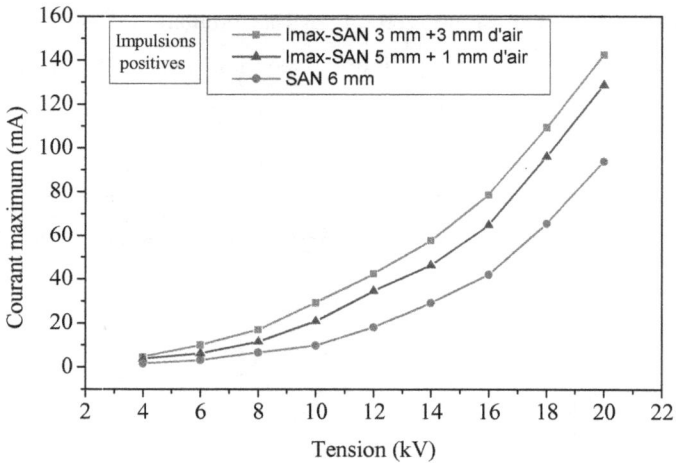

Fig.III.21. Influence de l'épaisseur de la couche
d'air sur le courant maximum de décharge

III.4.3. Calcul de la puissance électrique de la décharge de surface

La puissance mise en jeu dans la décharge est calculée en effectuant le produit de la tension d'alimentation par le courant de décharge. Lorsque le signal est périodique, la puissance est donnée par la relation suivante :

$$P = \frac{1}{T} \int_0^T U(t).I(t).dt$$

P = puissance [W]

T = période de la tension appliquée [s]

U(t) = tension appliquée [V] égale à la mesure de la voie 1 multipliée par 1000 qui est le rapport de transformation entre la haute tension appliquée et la tension mesurée.

I(t) = courant de décharge [A] obtenu en divisant la mesure de la voie 2 (qui est une tension) par la résistance de mesure soit 940 Ω.

A partir des enregistrements des courbes de tension et de courant en fonction du temps, nous avons calculé sous Matlab la puissance électrique de la décharge en fonction de la tension appliquée U (Fig.III.22).

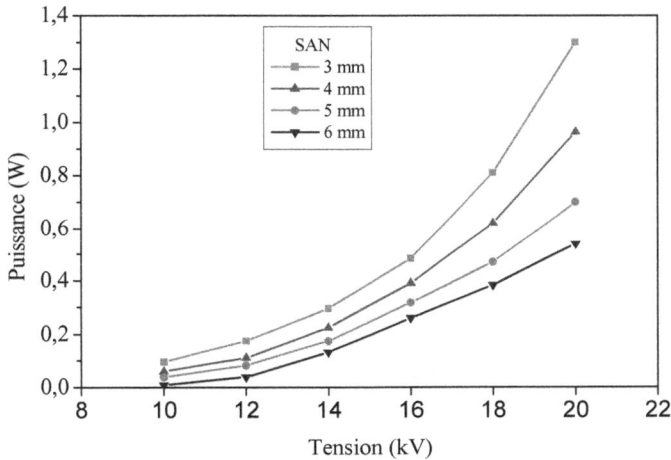

Fig.III.22. Puissance électrique de la décharge en fonction de la tension appliquée

Cette figure nous montre que la puissance augmente avec la tension appliquée dans la gamme de tension étudiée de 10 à 20 kV. Pour les épaisseurs de 3 et 4 mm du solide isolant la puissance varie pratiquement en $(U - U_0)^2$ où U_0 est la tension d'apparition de la décharge.

La figure III.23 montre que la puissance de la décharge diminue lorsque l'épaisseur du solide isolant augmente.

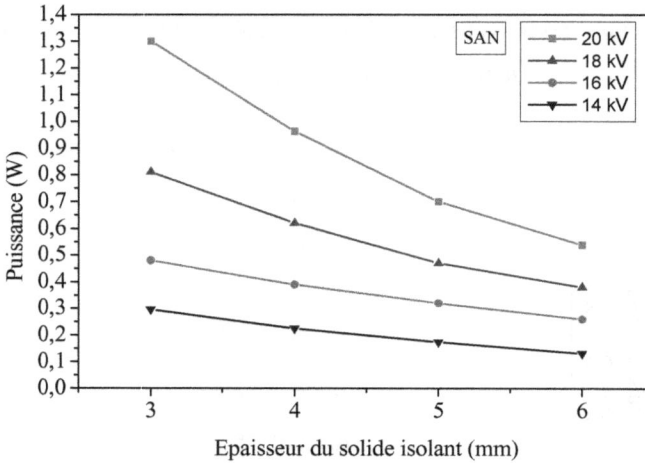

Fig.III.23. Influence de l'épaisseur du solide isolant
sur la puissance de la décharge

III.4.4. Courant actif de la décharge de surface

Le courant actif de la décharge peut être déduit de la puissance calculée précédemment en considérant que ce courant est égal au rapport de la puissance sur la tension efficace de la décharge (U_{eff}) :

$$I_{act} = \frac{P}{U_{eff}} = 2\sqrt{2}\,\frac{P}{U_{cc}}$$

I_{act} = courant actif de décharge [A]

P = puissance [W]

U_{eff} = tension efficace [V]

U_{cc} = tension crête à crête [V] mesurée à l'oscilloscope

Le courant actif ne donne pas d'information directe sur les phénomènes impulsionnels mais permet de caractériser le régime de décharge.

Le courant capacitif étant périodique et symétrique, il n'est, par conséquent, pas pris en compte dans le calcul de la puissance et donc du courant actif de décharge. En effet, la fonction $U(t).I(t)_{capacitif}$ étant périodique et impaire, son intégration sur une ou plusieurs période(s) est nulle. Le calcul du courant actif ne dépend donc que du courant impulsionnel. Le courant actif reste relativement faible pour les tensions appliquées et les épaisseurs du solide isolant utilisées (quelques dizaines de microampères) (Fig.III.24).

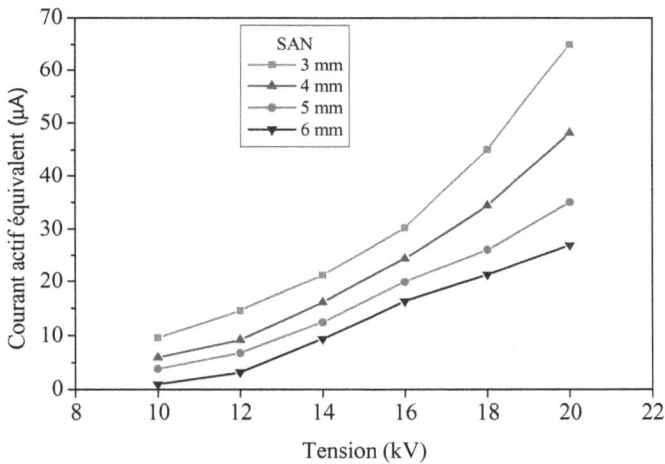

Fig.III.24. Variation du courant actif de la décharge
en fonction de la tension appliquée

III.4.5. Charge maximale associée à la décharge de surface

La charge associée à la décharge joue un rôle fondamental dans le développement de la décharge de surface, mais aussi dans le processus de transformation des propriétés physico-chimiques du solide isolant.

III.4.5.1. Techniques de mesure de la charge superficielle

Nous passerons en revue, de façon succincte, quelques méthodes utilisées pour mesurer la charge superficielle.

- **Figures de Lichtenberg** [58,59,60]

En étalant deux poudres (l'oxyde de plomb rouge et le soufre jaune-blanc) sur la surface du solide isolant soumise au préalable à des décharges électriques, nous pouvons déterminer la répartition de la charge. L'oxyde de plomb se fixe sur les charges positives et le soufre sur les charges négatives. Cette méthode présente l'inconvénient de ne pas pouvoir quantifier facilement la charge.

- **Sonde électrostatique** [61,62]

Après l'essai sous tension, une onde électrostatique est placée à proximité du solide isolant de telle sorte à ce que la charge superficielle y induise un potentiel égal mais opposé à celui de l'isolant. Ce potentiel sera mesuré pour déterminer la densité de charge superficielle. Cette méthode nécessite le déplacement soit de la sonde soit de l'isolant de telle sorte à balayer toute la surface chargée. Elle est donc plus indiquée pour mesurer des charges statiques.

- **Effet Pockels (méthode électro-optique)** [63]

Cette méthode permet de visualiser l'évolution dynamique de la décharge superficielle et de déterminer simultanément la densité de charge.

Le système de mesure est basé sur l'utilisation d'un cristal biréfringent sous forme de plaque en BSO (Bismuth Silicon Oxid) comme récepteur collé au solide isolant et toute charge qui apparaît sur l'isolant influence la polarisation de la lumière envoyée par une source à travers le cristal. L'analyse de la lumière réfléchie par le cristal et enregistrée par une caméra CCD (Charge Coupled Device) qui signifie « élément semi-conducteur à couplage de charge » [24,64] nous permettra de mesurer, en fonction du temps, la quantité de charge formée sur l'isolant [65].

Contrairement aux systèmes de mesure conventionnels de la charge, le système de mesure par effet Pockels proposé pour la première fois en 1991 [24], amélioré par la suite [64,66] permet d'observer et de quantifier la charge à la surface du diélectrique durant l'essai [50] sans pour autant influencer la décharge.

III.4.5.2. Evaluation de la charge maximale associée à une impulsion de courant

A défaut de mesurer directement la charge superficielle, nous utiliserons une méthode indirecte pour l'évaluer en recourant à l'enregistrement de la courbe de courant puis au calcul de la charge par intégration.

La charge impulsionnelle représente le nombre d'électrons qui, lors du développement des avalanches électroniques, sont recueillis ou émis (suivant la polarité) au niveau de l'électrode haute tension. Ce courant à la surface de l'isolant solide sera transmis à la terre à travers la résistance de mesure après avoir traversé l'isolant solide sous forme d'un courant de déplacement (Fig.III.25).

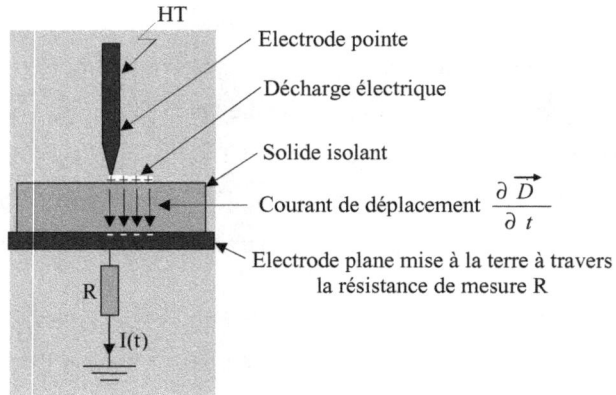

Fig.III.25.Modèle simplifié de circuit de transmission
à la terre du courant impulsionnel

L'intensité étant définie comme le nombre de charges électriques traversant un circuit par unité de temps, la charge impulsionnelle est calculée comme suit :

$$Q = \int_{\Delta t} I(t).dt$$

Avec Δt = durée de l'impulsion

La charge impulsionnelle est donc donnée par le calcul de l'aire des impulsions de courant.

Nous calculerons pour les deux polarités, négative et positive, la charge électrique des impulsions.

Les figures III.26 et III.27 montrent l'évolution de la charge maximale de l'impulsion de courant en polarités positive et négative en fonction de la tension pour différentes épaisseurs. Ces figures montrent que la charge varie globalement en U^2. Nous pouvons interpréter cette allure de la façon suivante :

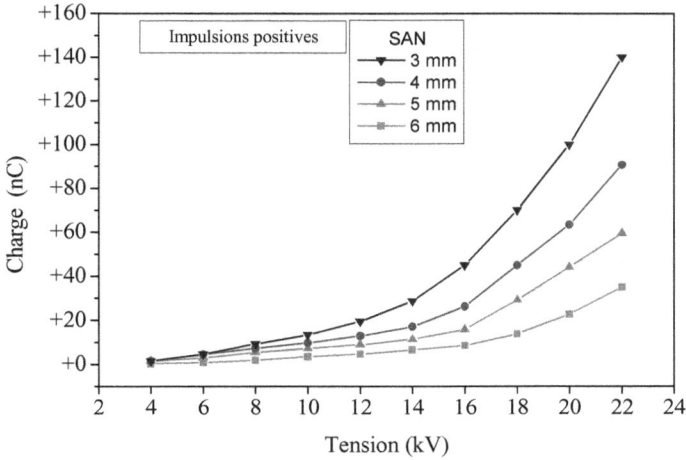

Fig.III.26. Charge positive maximale en fonction
de la tension appliquée

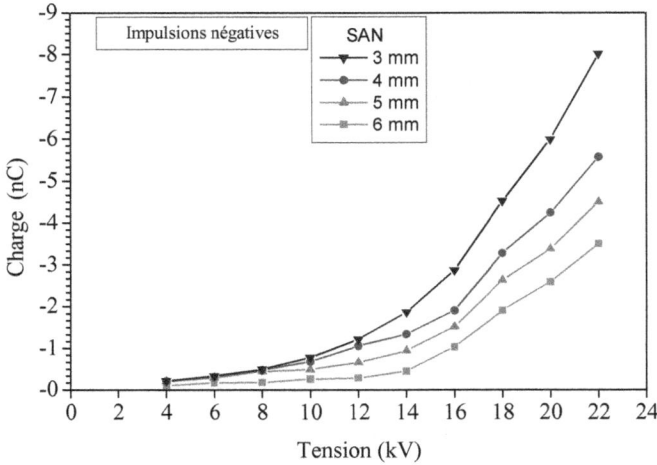

Fig.III.27. Charge négative maximale
en fonction de la tension appliquée

la capacité du diélectrique correspondant à une impulsion de courant est proportionnelle à la longueur de la décharge et comme la longueur de la décharge est proportionnelle à la tension appliquée [67], nous pouvons dire que la capacité en question est proportionnelle à la tension (C = k.U). Nous savons aussi que la charge est égale au produit de la tension par la capacité (Q = C.U). D'où l'expression de la charge en fonction de la tension : $Q = k.U^2$.

Pour une épaisseur donnée, la charge maximale est plus grande en polarité positive qu'en polarité négative. Elle est d'autant plus grande que la tension est élevée (Fig.III.28 et III.29).

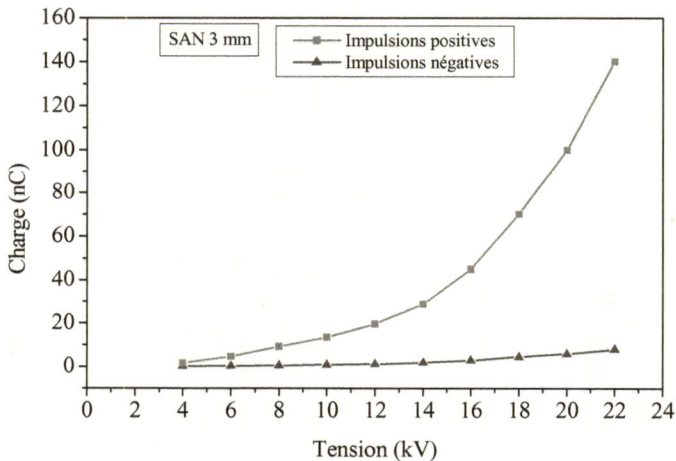

Fig.III.28. Charge maximale associée à la décharge
pour une épaisseur du solide isolant de 3 mm

La charge maximale augmente lorsque l'épaisseur du solide diminue (Fig.III.30). Si nous comparons les charges maximales pour les deux épaisseurs 3 et 6 mm, nous constatons que pour une même tension, en doublant l'épaisseur du solide isolant, la charge est réduite en moyenne de 4,5 fois.

Nous pouvons conclure que la quantité d'espèces actives créées par la décharge est plus importante en polarité positive et par conséquent les effets de la décharge positive en termes de dégradation chimique du solide isolant seront plus néfastes. L'épaisseur du solide isolant a aussi une grande influence sur la charge produite.

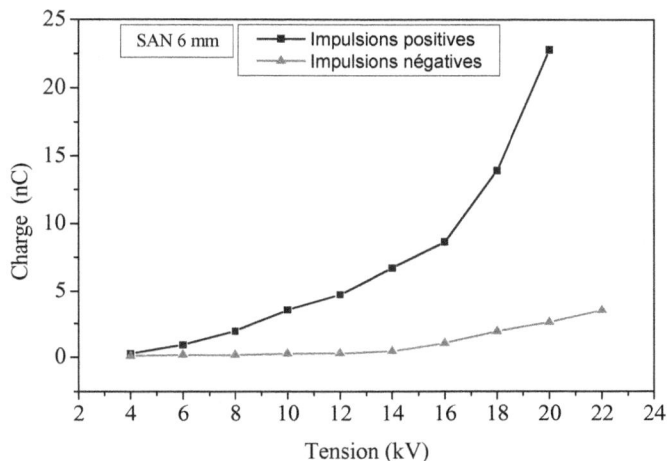

Fig.III.29. Charge maximale associée à la décharge
pour une épaisseur du solide isolant de 6 mm

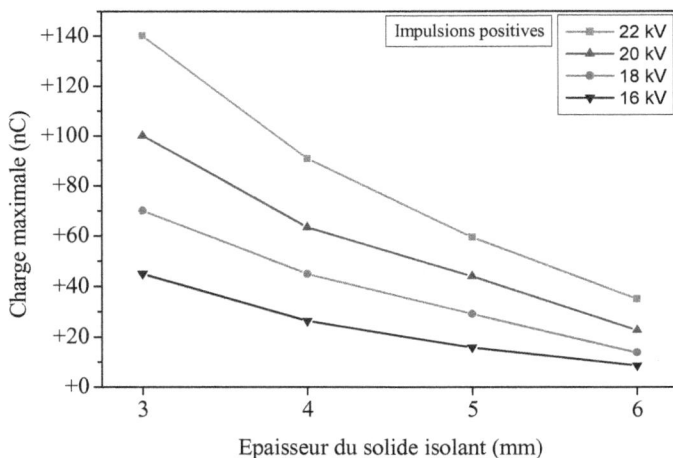

Fig.III.30. Charge maximale positive
en fonction de l'épaisseur du solide

La charge superficielle a toujours une influence sur le phénomène de claquage de l'isolant soumis à un champ électrique élevé [68]. Les modifications chimiques induites par les décharges à la surface du solide isolant dépendent de la charge produite [69].

III.4.5.3. Charge résiduelle

Du fait du changement de la polarité en tension alternative, il est attendu qu'il n'existe pas d'accumulation de charge à la surface de l'isolant. En réalité, la décharge en polarité positive étant plus longue que celle en polarité négative, il subsistera toujours une charge positive sur le diélectrique solide.

La charge superficielle a une influence sur le phénomène de claquage de l'isolant soumis à un champ électrique élevé [68]. Elle détermine, en particulier la forme de la décharge de surface [24].

III.4.6. Décharge inverse

Nous avons constaté, pour des tensions appliquées supérieures à 10 kV, l'apparition d'impulsions inverses de courant. Elles se produisent en général juste avant le passage par zéro de la tension (Fig.III.31), ce qui est aussi relevé par [14].

Ces impulsions sont d'autant plus importantes que la tension appliquée est élevée. Elles sont le résultat de décharges dues à la charge d'espace qui se forme à la surface du solide isolant [14]. Juste avant le passage par zéro de la tension, cette charge d'espace provoque une décharge inverse vers la pointe de l'électrode haute tension.

Cette décharge se produit du fait que la tension tendant vers zéro, le champ électrique appliqué devient très faible devant le champ de la charge d'espace.

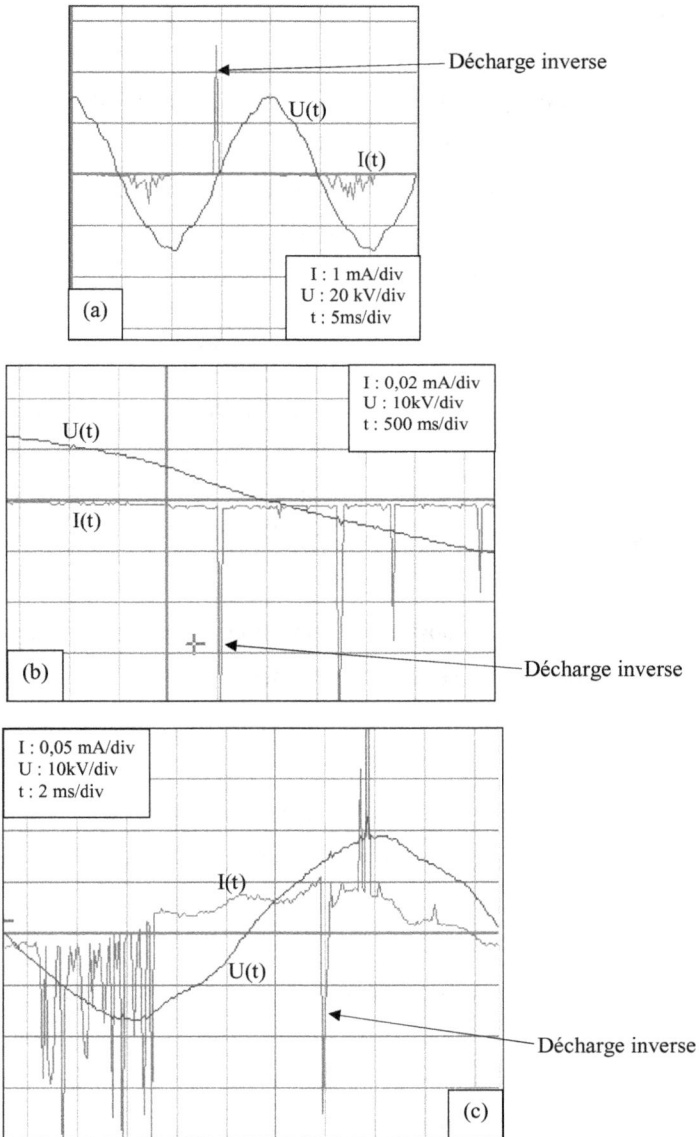

Fig.III.31. Décharge inverse
   a) Positive, juste avant le passage par zéro de la tension
   b) Négative, juste avant le passage par zéro de la tension
   c) Négative, bien après le passage par zéro de la tension

III.4.7. Conclusion

Dans ce chapitre, nous avons montré que les décharges en tension alternative ne se développent pas de façon symétrique et radiale comme pour les décharges en tension impulsionnelle, mais elles se présentent en forme de branche souvent unique avec des ramifications. Les décharges tournent autour de l'électrode haute tension, mouvement qui serait dû à la présence de charges d'espace négatives réparties de façon non uniforme à la surface du solide isolant.

Les impulsions de courant associées aux décharges augmentent en nombre et en amplitude avec la tension. Leur nombre est plus important en alternance négative qu'en alternance positive. Cependant leur amplitude est plus grande en polarité positive.

Le temps de montée moyen des impulsions positives est plus grand que celui des impulsions négatives. Le temps de descente moyen est pratiquement le même pour les impulsions quelle que soit leur polarité.

Le courant maximum et la charge associés à la décharge augmentent avec la diminution de l'épaisseur du solide isolant. Ils augmentent aussi avec la permittivité du matériau solide.

L'insertion d'une couche d'air en série avec le solide isolant fait croître le courant maximum de décharge en polarité positive. Pour une même distance inter électrodes, les impulsions de courant présentent une amplitude d'autant plus grande que le rapport entre l'épaisseur d'air et la distance entre électrodes est grand. Alors qu'en polarité négative, le courant varie très peu avec l'épaisseur de la couche d'air. Ceci est dû à la formation sur le matériau solide d'une charge négative qui crée un champ qui s'oppose au champ appliqué.

Avec la couche d'air, le temps de descente de l'impulsion augmente en polarité négative ce que nous expliquons par une durée de dérive des ions négatifs plus longue à cause de leur faible mobilité et de l'effet exercé sur le champ appliqué par la charge négative qui s'accumule à la surface du solide.

La charge associée à la décharge joue un rôle important dans l'interaction avec la surface du solide isolant. Elle est, comme l'amplitude du courant, nettement plus grande en polarité positive qu'en polarité négative.

Dans ce chapitre, nous avons aussi montré que l'isolant solide exerce une influence sur les caractéristiques de la décharge par sa permittivité, son épaisseur et la charge qui s'accumule à sa surface, particulièrement lorsqu'une couche d'air est insérée en série avec le solide isolant.

Chapitre IV

Effets des décharges électriques de surface sur une interface air/solide

IV.1. Introduction

Lors de la fabrication et de l'utilisation d'un matériau ou de l'élaboration d'un produit nouveau, les surfaces jouent très souvent un rôle prépondérant.

L'usure, la corrosion, l'adhésion... résultent en fait des propriétés physico-chimiques des surfaces et des interfaces. Il est donc d'un intérêt primordial de caractériser les surfaces pour comprendre la nature des interactions mises en jeu afin de contrôler et d'améliorer les performances des matériaux.

La première manière de comprendre des phénomènes superficiels c'est de pouvoir les analyser. Actuellement quelques appareils de laboratoire permettent deux types d'analyses:

- caractériser les formes d'une surface, des objets adsorbés et les localiser,
- déterminer la composition chimique de la surface et de ces adsorbats.

Ces deux catégories d'analyse sont possibles grâce à la microscopie et la spectroscopie qui nous permettent d'obtenir des informations, en particulier sur :

- la topographie de la surface (MEB : Microscope à Balayage Electronique),
- la constitution élémentaire et quantitative des couches superficielles du nanomètre à quelques dizaines de micromètres (analyses EDS : Spectroscopie à Energie Dispersive ou à rayons X),
- la nature des liaisons, le degré d'oxydation, les groupements fonctionnels (analyses FTIR : spectroscopie infrarouge à transformée de Fourier),

Ces techniques d'analyse reposent, en général, sur l'interaction rayonnement-matière.

L'étude de l'hydrophobicité des surfaces isolantes revêt aussi un grand intérêt aussi bien dans le domaine de l'isolation électrique que dans les applications industrielles. Cette propriété est évaluée par la mesure de l'angle de contact d'une goutte d'eau avec la surface du solide.

Du point de vue électrique, les propriétés superficielles d'un solide isolant peuvent être caractérisées par la résistance superficielle.

Dans ce chapitre, nous présenterons les propriétés principales des polymères. Nous donnerons la constitution chimique et le principe de fabrication du styrène acrylonitrile (SAN). Nous analyserons ensuite, à l'aide des techniques présentées ci-dessus, les effets des décharges de surface sur les propriétés physico-chimiques de la surface du diélectrique solide.

IV.2. Les polymères isolants

Dans notre étude nous nous sommes intéressés aux interfaces air/polymère. Les polymères isolants sont largement utilisés dans les équipements électriques pour les avantages qu'ils présentent : rigidité diélectrique élevée, faibles pertes diélectriques, faible poids, esthétique, hydrophobicité élevée et bonnes propriétés mécaniques. Cependant, ils sont moins résistants physiquement et chimiquement à l'action des décharges électriques par rapport aux matériaux céramiques [70,71]. Les contraintes électriques auxquelles les polymères sont soumis en service peuvent engendrer la perte de leurs propriétés physico-chimiques superficielles [72-74].

IV.2.1. Définition

Les polymères sont des matériaux constitués de longues chaînes macromoléculaires formées par la répétition d'une ou plusieurs unités de base (monomères).

Les atomes sont liés par des liaisons fortes covalentes ou ioniques. Les chaînes par contre sont faiblement liées entre elles par des liaisons de type Van der Waals. Le degré de polymérisation est défini par le nombre moyen de monomères qui constituent la macromolécule.

IV.2.2. Polymérisation

Deux procédés de polymérisation sont connus :

- la polymérisation par condensation : les monomères s'associent avec élimination simultanément d'atomes ou groupes d'atomes, ce qui engendre la formation d'un sous produit, en général une molécule de faible masse.

- La polymérisation en chaîne : c'est le procédé utilisé dans l'industrie. Les monomères s'associent sans réaction d'élimination. Cette polymérisation se produit en plusieurs étapes :

  1. l'amorçage : rupture d'une double liaison C=C pour la formation des centres actifs à partir des monomères.

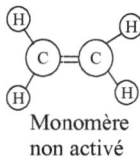

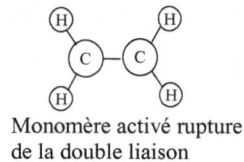

Monomère non activé

Monomère activé rupture de la double liaison

  2. la propagation : croissance des chaînes de polymère par additions successives à l'aide de la liaison libérée lors de l'amorçage.

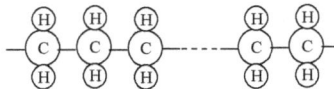

Réaction de monomères entre eux,
croissance des chaînes par addition

3. la terminaison : destruction du centre croissant de chaîne actif et interruption de la croissance de la chaîne.

La grande diversité des polymères ainsi que leurs bonnes propriétés diélectriques, mécaniques et thermiques en font un matériau de choix dans les isolations hautes tensions. A partir de 1970, le papier imprégné d'huile minérale est remplacé par les diélectriques en polypropylène dans les condensateurs haute tension [75]. Ceci a permis de passer d'un gradient de service de 15 kV/mm à un gradient de 40 kV/mm. La maîtrise de la fabrication du polyéthylène a permis aussi de remplacer l'isolation en papier dans les câbles de puissance.

Le développement de matériaux composites a été possible grâce à l'excellente stabilité thermique obtenue par les polymères. Les propriétés mécaniques sont assurées par une résine époxyde renforcée par des fibres de verre et le revêtement est en silicone. Ce dernier matériau présente une surface hydrophobe, ce qui permet la limitation des courants de surface.

IV.2.3. Propriétés diélectriques des polymères

Les polymères isolants, comme tout diélectrique, possèdent plusieurs modes de polarisation (électronique, ionique, dipolaire, interfaciale). Aux fréquences industrielles, seule la polarisation électronique a un rôle déterminant. Les polymères apolaires, tels que le polyéthylène, le propylène, sont de très bons isolants. Les polymères à faible permittivité relative limitent les courants de déplacement ainsi que les pertes diélectriques.
La permittivité relative des polymères est comprise entre 2 et 10 [76].

L'humidité est également un facteur déterminant pour la qualité de l'isolation, elle influence notamment la résistance superficielle des polymères solides. Les polymères employés pour l'isolation ont une résistivité suffisamment élevée pour être considérés, sur ce plan, comme de bons diélectriques. Mais en modifiant leur état de surface, particulièrement sous l'action de décharges électriques, on peut obtenir des matériaux mouillables capables de conduire des courants de surface.

IV.2.3.1. Résistivité

Les polymères doivent avoir une résistivité supérieure à 10^9 Ω.cm (Tableau IV.1.) pour être utilisés comme isolant [77].

Tableau IV.1. Echelle des résistivités transversales

Matériau	Résistivité en Ω.cm
Isolants	10^{20} à 10^9
Semi-conducteurs	10^9 à 1
Polymères conducteurs	1 à 10^{-4}
Conducteurs	10^{-4} à 10^{-12}
Supraconducteurs	10^{-12} à 10^{-24}

Résistivité superficielle

La résistivité superficielle des isolants solides joue un rôle important, particulièrement pour les isolants solides soumis à une pollution.

IV.2.3.2. Rigidité diélectrique

La rigidité diélectrique est définie comme étant la valeur maximale du champ électrique que l'on peut appliquer à un isolant sans que se produise un claquage ou une perforation diélectrique rendant impossible une nouvelle application de la tension.

La rigidité intrinsèque des polymères et des solides isolants en général peut atteindre plusieurs centaines de kV/mm, mais leur rigidité pratique est souvent limitée à quelques dizaines de kV/mm. Elle varie pour les polymères les plus utilisés de 10 à 24 kV/mm. En pratique, le claquage se produit à partir de points faibles tels que les inclusions de gaz, les défauts à la surface des électrodes ou les surfaces de séparation gaz/solide. La rigidité diélectrique est influencée par certains facteurs tels que la forme de la tension, la température et l'épaisseur du solide isolant. Elle dépend également des caractéristiques électriques et thermiques du milieu ambiant :

- des décharges superficielles peuvent se produire dans ce milieu, en particulier quand il s'agit de l'air.
- La permittivité et la résistivité du milieu ambiant modifient la répartition du champ électrique.

IV.2.3.3. Permittivité

Pour les condensateurs, on choisit des matériaux à grande permittivité permettant d'obtenir des capacités élevées. Mais pour les isolations où l'on cherche plutôt à réduire la capacité, les matériaux à faible permittivité sont plus intéressants.

Dans les isolations composées, le champ électrique est inversement proportionnel à la permittivité. Il est plus élevé dans le matériau qui présente la plus faible permittivité, notamment dans les gaz associés aux solides isolants. L'air a une permittivité ($\varepsilon_r = 1,00053$) légèrement supérieure à celle du vide, alors que les diélectriques courants ont une permittivité comprise entre 2,2 et 8 à 50 Hz.

La permittivité décroît avec la fréquence et l'indice de pertes $\varepsilon_r.tg\delta$ qui caractérise l'énergie dissipée dans le diélectrique, présente souvent des maxima très marqués pour certaines fréquences [78].

IV.2.3.4. Pertes diélectriques

Les diélectriques réels présentent toujours des pertes diélectriques dues à la conduction ohmique, même très faible dans la plupart des isolants, mais surtout à la relaxation qui peut être importante en tension alternative. En effet, le retard à la polarisation du diélectrique provoque des pertes diélectriques représentées par le facteur de dissipation $tg\delta$:

$$tg\delta = \frac{\varepsilon_r^{''}}{\varepsilon_r^{'}}$$

δ : angle de pertes, c'est l'angle complémentaire du déphasage entre la tension appliquée au diélectrique et le courant qui en résulte.

Dans le cas des diélectriques réels, on définit la permittivité relative complexe qui permet d'introduire les pertes diélectriques :

$$\varepsilon_r^{*} = \varepsilon_r^{'} - j\varepsilon_r^{''}$$

Les pertes diélectriques augmentent avec l'intensité du champ électrique appliqué, surtout à partir du moment où le seuil d'ionisation du gaz contenu dans les vacuoles incluses dans le polymère est atteint [78]. Elles dépendent également de la fréquence de la tension appliquée. En effet, en représentant la permittivité par un nombre complexe, la composante du courant en phase avec la tension est donnée, en valeur efficace, par la formule [79] :

$$I_r = VC_0\varepsilon_r^{''}\omega$$

Et les pertes diélectriques par la formule :

$$P = V^2 C_0 \varepsilon_r^{''}\omega$$

I_r = courant [A]

P = pertes diélectriques [W]

C_0 = capacité du vide [F]

V = tension appliquée [V]

ω = pulsation [rd/s]

Le facteur de dissipation des polymères les plus utilisés varie de 10^{-4} à 2.10^{-2} à 50 Hz.

Même si en termes de perte d'énergie, les pertes diélectriques sont très faibles, elles peuvent provoquer un échauffement de l'isolant qui peut conduire, à plus ou moins long terme, à une diminution de la qualité de l'isolant. De façon générale, les pertes diélectriques nous renseignent sur la qualité de l'isolation.

IV.2.4. Description du styrène acrylonitrile (SAN)

Dans notre travail, nous avons utilisé comme matériau isolant le styrène acrylonitrile (SAN). Les monomères de styrène et d'acrylonitrile sont polymérisés pour obtenir le SAN qui est un copolymère amorphe.

Fabrication du SAN :

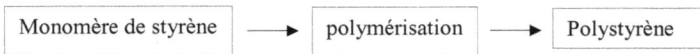

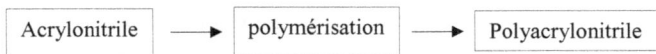

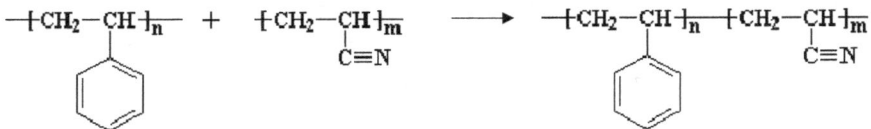

Le SAN que nous avons étudié, fabriqué par Décoplast Blida, est composé de 70 % de styrène et 30 % d'acrylonitrile. Les proportions de styrène et d'acrylonitrile peuvent varier légèrement d'un fabriquant à l'autre. La copolymérisation des deux monomères permet de produire une variété de copolymères de SAN présentant une grande plage de propriétés mécaniques, chimiques et électriques. C'est un plastique transparent et rigide qui offre une forte résistance aux agents chimiques. Il présente des propriétés électriques intéressantes (une rigidité diélectrique de 34 kV/mm, un facteur de dissipation égal à 0,005, une constante diélectrique $\varepsilon_r = 3$, une résistivité volumique de 10^{16} Ω.cm) et un coefficient de dilatation bas. C'est la raison pour laquelle le SAN est utilisé comme matériau isolant dans les noyaux de bobines de puissance pour la production d'impulsions haute tension [80,81]. Il est aussi utilisé dans l'industrie de l'électricité et de l'électronique.

IV.3. Mécanismes d'activation du gaz isolant

La phase de claquage du matériau est toujours précédée par deux étapes : la génération et la propagation. Ces deux étapes constituent la phase de préclaquage à laquelle nous nous intéresserons pour étudier l'effet des décharges de surface sur les propriétés physico-chimiques d'une interface air-solide.

Le développement des installations et des appareils électriques avec la croissance de la demande d'énergie a conduit à l'apparition d'énormes contraintes électriques sur les matériaux isolants. La connaissance des phénomènes qui réduisent la rigidité diélectrique des isolations est nécessaire pour le dimensionnement optimum de ces dernières aussi bien sur le plan de la tenue sous tension qu'économique [12]. En dépit des contrôles qualité et des améliorations continues des processus de fabrication, il est difficile d'éliminer le développement de décharges dans les isolations.

Les surfaces de séparation de matériaux différents constituent des régions qui présentent des problèmes d'isolation. Elles doivent être, par conséquent, évaluées et analysées soigneusement [12]. Ainsi, la fiabilité et le coût du matériel électrique dépendent intimement des propriétés non seulement du volume du matériau, mais surtout des caractéristiques de sa surface. C'est pourquoi on donne une forme géométrique bien définie aux isolations et on choisit des matériaux ayant une surface hydrophobique. Cependant, les décharges superficielles changent les propriétés des surfaces des solides isolants. Il est donc important d'évaluer les conséquences éventuelles de ces changements.

Les décharges à la surface de cavités ont été bien étudiées. Les processus établis pour les décharges internes suscitent un intérêt pour leur application aux surfaces externes [82].

A l'état naturel, l'air n'érode pas les surfaces des solides avec lesquelles il est en contact. Ce sont les espèces énergétiques produites par la décharge électrique dans l'air qui interagissent avec les parois des solides. Une ionisation du gaz est donc nécessaire pour créer les particules chargées et les photons qui pourraient agir sur les propriétés physico-chimiques du solide isolant.

La formation d'un gaz ionisé est due à un transfert d'énergie cinétique par collision entre des électrons accélérés par un champ électrique et les molécules neutres du gaz.

Deux types de collisions peuvent se produire :
-   élastiques avec transfert d'une quantité de mouvement des électrons vers les molécules neutres qui sont alors accélérées sans modification de leur énergie interne,

- inélastiques avec fragmentation des molécules impactées ou modification de la distribution de leur énergie.

Chaque électron accéléré par le champ électrique subira un certain nombre de chocs que nous pouvons déterminer en supposant que la distribution de vitesse des molécules du gaz obéit à la loi de Maxwell-Boltzman. Si l'électron se déplace à une vitesse v pendant le temps δt, il parcourt alors la distance $v.\delta t$ et balaie un domaine d'espace de volume $\sigma.v.\delta t$, σ représentant la section efficace de collision entre l'électron et une molécule. Le nombre de collisions est donc égal à :

$$\sigma.v.\delta t.N$$

N étant la densité du gaz en nombre de molécules par unité de volume.

De l'expression précédente, nous déduisons le nombre de collisions n par unité de temps :

$$n = \sigma.v.N$$

La notion de libre parcourt moyen, qui représente la distance moyenne que peut parcourir un électron entre deux chocs successifs, découle naturellement de la relation précédente :

$$\lambda = \frac{v.\delta t}{n.\delta t} = \frac{1}{N.\sigma}$$

$v.\delta t$ = distance parcourue par l'électron

$n.\delta t$ = nombre de collisions

Si l'électron accéléré par le champ électrique sur une distance λ acquiert une énergie suffisante, il pourra alors ioniser ou exciter la molécule neutre rencontrée :

$$M + e^- \longrightarrow M^+ + 2e^-$$

Pour qu'il y ait ionisation, l'énergie de l'électron doit être supérieure à l'énergie d'ionisation de l'espèce considérée. Par exemple, l'énergie d'ionisation est de

12,2 eV pour l'oxygène, 15,6 pour l'azote, 12,6 pour la vapeur d'eau et 13,7 pour le dioxyde de carbone.

L'énergie w acquise par l'électron dépend du libre parcours moyen et de l'intensité du champ électrique :

$$w = q.E.\lambda$$

q étant la charge de l'électron et E l'intensité du champ électrique.

Finalement, nous pouvons dire que la réactivité du plasma formé dans la décharge dépend principalement de :
-   la composition du gaz : la section efficace σ varie en fonction de la nature du gaz.
-   la pression du gaz représentée par N.
-   la tension appliquée dont dépend l'intensité du champ électrique.

En dehors de la multiplication des électrons dans le volume du gaz, des électrons secondaires peuvent être émis par impact d'ions positifs ou de photons sur la cathode ou sur la surface de l'isolant solide.

La même installation que celle décrite dans le chapitre III (Figure III.1) est utilisée dans cette partie de notre étude. L'évaluation de la dégradation des échantillons d'isolant sera faite en fonction de la durée d'application et du niveau de la tension, de la nature et des caractéristiques du matériau.

La surface des plaques d'isolant soumise à des décharges est analysée par spectrophotomètre à infrarouge, microscope électronique, mesure de la mouillabilité et de la résistance superficielle.

Le vieillissement électrique des échantillons est réalisé en utilisant deux types d'électrodes décrites dans le chapitre II:

- un système pointe-plan (Fig.II.2) pour le développement de décharges glissantes à la surface de l'isolant solide.

- un système plan-plan (Fig.II.1.b) adapté à la cellule de mesure de résistance superficielle. Pour ce système (épaisseur de la couche d'air $d_s > 10$ µm) à pression atmosphérique, la courbe de Pashen (Fig.IV.1) montre que la tension de claquage est une fonction croissante de l'épaisseur de la couche d'air [83].

En effet, nous pouvons constater que pour l'air à pression atmosphérique ($p = 1,013.10^5$ Pa), la courbe passe par un minimum pour une distance inter électrodes d'environ 10 µm (p.d = 1 Pa.m environ).

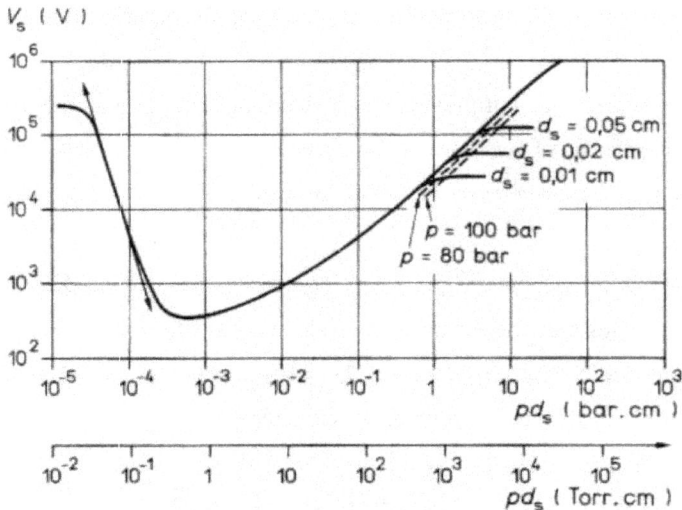

Figure IV.1. Courbe de Pashen pour l'air [83]

IV.4. Observations visuelles

IV.4.1. Observation visuelle de la surface de l'isolant

Nous avons soumis aux décharges de surface les échantillons d'isolants solides sous une tension de 16 kV (entre électrodes). Avant d'effectuer la mesure de la résistance superficielle, nous avons d'abord procédé à des observations visuelles pour constater les dégradations subies par le matériau.

La figure IV.2 illustre les changements de l'état de surface des spécimens vieillis sous décharges pour différents temps de vieillissement.

Une érosion sévère de la surface du solide isolant a été constatée. La zone érodée forme une sorte d'anneau blanchâtre au contour plus ou moins distinct. Cet anneau fait face au bord circulaire de l'électrode haute tension. En effet, la dégradation la plus importante se produit dans la région soumise au champ électrique renforcé par le phénomène de l'effet de bords. La région centrale de l'échantillon est d'un blanc plutôt clair, signe d'une dégradation moins importante. Des dégradations ponctuelles localisées d'environ 2 mm de diamètre sont observées même dans cette région (Fig.IV.2 - échantillon vieilli durant 6 h). Elles correspondent aux aspérités microscopiques qui existent sur la surface de l'électrode haute tension.

Le rayon de la surface qui a subi l'érosion augmente légèrement avec le temps de vieillissement (Fig.IV.2). La surface attaquée par les décharges perd sa transparence. Pour montrer la perte de la transparence des zones érodées par les décharges, nous avons photographié l'échantillon en le plaçant sur une surface sombre.

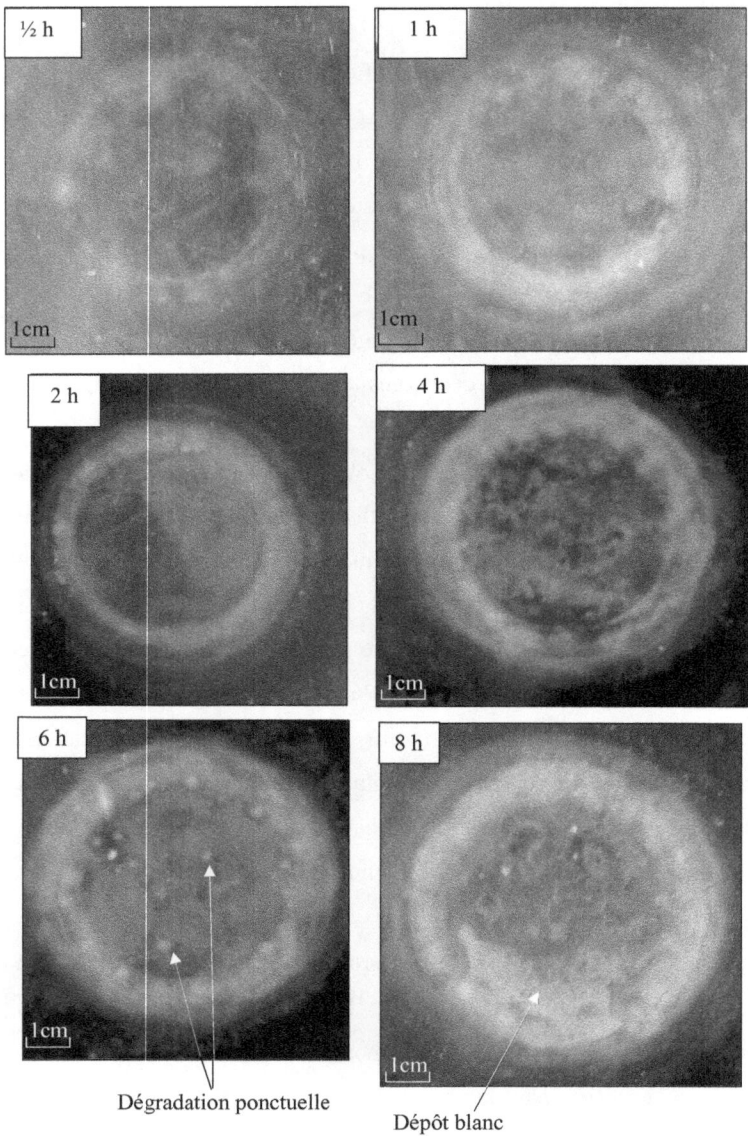

Fig.IV.2. Evolution de la dégradation de la surface du solide isolant
en fonction du temps de vieillissement sous une tension de 16 kV.

Ainsi, les parties transparentes (non érodées) apparaissent noires sur la photographie et les régions dégradées sous l'action des décharges sont blanches. Le changement de couleur de la surface de polymères soumis à des décharges est aussi relevé par d'autres chercheurs [73,84-88]. Ceci est expliqué par l'oxydation ou l'élimination de groupements fonctionnels le long de la chaîne de polymère [84]. Autrement dit, lorsque le nombre de doubles liaisons C=O et C=C augmente, le polymère change de couleur [89]. Effectivement, ce type de liaisons se forme à la surface du polymère sous l'action des atomes d'oxygène créés par la décharge [90]. Nous expliquerons le processus de formation de ces liaisons chimiques dans la section IV.8 relative à l'analyse par spectroscopie infrarouge.

Outre les changements de couleur observés, nous avons remarqué la formation d'un film d'humidité et même des gouttelettes d'eau sur la surface soumise aux décharges lorsque les essais sont réalisés à l'intérieur d'une enceinte, phénomène observé aussi par Y. Zhu et al. [91]. Nous avons expliqué les phénomènes responsables de la formation de cette humidité à travers les analyses à l'infrarouge (FTIR) et aux rayons X (EDS) [90].

Nous avons aussi observé la formation d'un dépôt blanchâtre (Fig.IV.2 – Echantillon vieilli durant 8 h) après assèchement de l'échantillon dans un dessiccateur pendant plusieurs heures.

L'application d'une tension plus grande (22 kV) entre les deux électrodes a provoqué un contournement du solide isolant au bout de 5 heures. Nous avons pu constater alors que la largeur de l'anneau blanchâtre croît avec la tension appliquée ($L_2 > L_1$) (Fig.IV.3).

6 h sous 16 kV

5 h sous 22 kV

Contournement

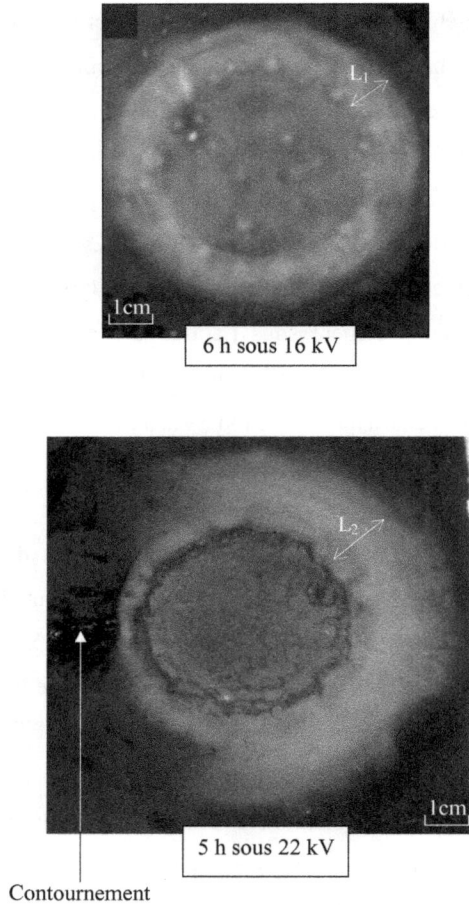

Fig.IV.3. Augmentation de la largeur de la surface
érodée en fonction de la tension appliquée

IV.4.2. Observation visuelle de la surface de l'électrode haute tension

L'observation de la surface de l'électrode en cuivre montre aussi la formation d'une couche d'humidité et d'oxyde de cuivre (Fig.IV.4). Les produits très réactifs, tel que l'ozone, créés par la décharge sont responsables de cette oxydation.

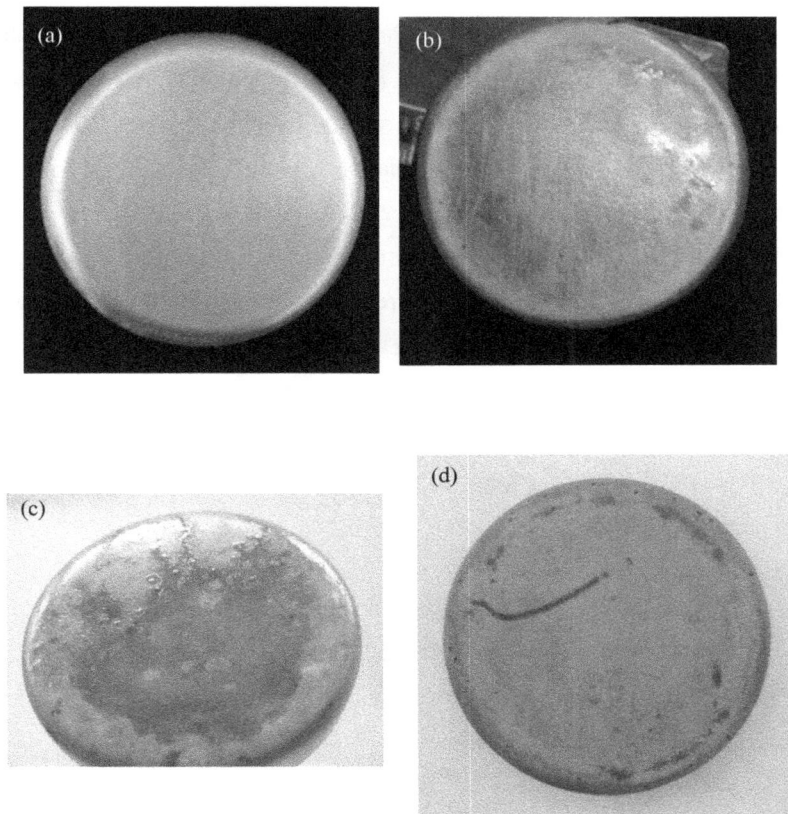

Fig.IV.4. Formation d'humidité et d'oxyde de cuivre sur l'électrode haute tension.
(a) : avant l'essai. (b) : 4 h d'essai. (c) : 6 h d'essai. (d) : 10 h d'essai.
(Les électrodes se couvrent progressivement d'humidité et d'oxyde de cuivre).

IV.5. Etude de l'hydrophobicité de la surface de l'isolant solide - Mesure de l'angle de contact

IV.5.1. Introduction

L'hydrophobicité en présence de pollution et d'humidité est l'une des propriétés les plus importantes des isolations. Une surface hydrophobique est définie comme étant une surface sur laquelle l'eau forme des gouttes au lieu d'un film recouvrant la surface. Par conséquent, une surface présentant une hydrophobicité importante aura, en présence d'humidité, des courants de fuite faibles et des arcs superficiels très réduits, ses performances électriques seront meilleures et la durée de vie de l'isolation sera plus longue [92,93].

L'hydrophobicité de la surface d'un isolant solide est évaluée à l'aide de la mesure de l'angle de contact. Lorsqu'une goutte de liquide est déposée sur une surface solide plane, l'angle entre la tangente à la goutte au point de contact et la surface solide est appelé angle de contact θ (Fig.IV.5). Il rend compte de l'aptitude d'un liquide à s'étaler sur une surface et dépend des interactions entre le liquide et le solide. La mesure de l'angle de contact d'une goutte d'eau à la surface de l'isolant donne de bonnes indications sur l'état d'hydrophobicité du matériau [94-97].

L'angle de contact s'interprète de la façon suivante : plus l'angle est grand plus l'hydrophobicité du matériau est importante. Cela signifie qu'un isolant plus hydrophobe aura un angle de contact avec une goutte d'eau plus important que celui d'un matériau hydrophile.

IV.5.2. Principe de la mesure

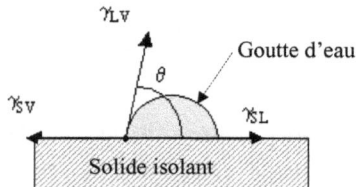

Fig.IV.5 Angle de contact et tensions interfaciales

La mesure de cet angle nous donne trois types d'informations [98] :

• Si on utilise l'eau comme liquide de mesure d'angle de contact, on peut déduire le caractère hydrophobe (faible énergie de surface) ou hydrophile (grande énergie de surface) de la surface.

• La mesure de l'hystérésis entre l'angle à l'avancée de la goutte et au retrait de la goutte renseigne sur la non-homogénéité physique (rugosité) ou chimique de la surface.

• Si on utilise plusieurs liquides de référence différents, on peut accéder à l'énergie libre de la surface, tout en discriminant les composantes polaires ou apolaires de cette énergie.

La forme d'une goutte à la surface d'un solide est régit par 3 paramètres :

• La tension interfaciale solide-liquide γ_{SL}

• La tension interfaciale du solide en équilibre avec la vapeur saturée du liquide γ_{SV} ou γ_S

• La tension interfaciale du liquide en équilibre avec sa vapeur saturée γ_{LV} ou γ_L.

La tension de surface est appelée aussi l'énergie libre de surface et elle s'exprime en $[J/m^2]$.

Ces trois grandeurs sont reliées à l'angle de contact par l'équation de Young Dupré [99] :

$$- \gamma_{SV} + \gamma_{SL} + \gamma_{LV} \cos \theta = 0$$

Seules γ_{LV} et θ sont mesurables, par conséquent il est nécessaire d'avoir des relations supplémentaires pour estimer les inconnues γ_{SL} et l'énergie de surface γ_{SV}. Plusieurs modèles ont été développés pour déterminer ces inconnues [98].

IV.5.3. Mesure de l'angle de contact

En pratique, une goutte d'eau pure d'environ 4 µl, est déposée à l'aide d'une seringue sur la surface de l'échantillon à analyser. Entre 2 et 8 µl, l'angle de contact d'une goutte d'eau distillée est indépendant du volume de la goutte d'eau [100].

Des photos de la goutte d'eau sont prises à l'aide d'un appareil photo numérique (Figures IV.6 et IV.7) et un traitement sur ordinateur nous permet de déterminer l'angle de contact. Il s'agit d'une procédure conforme au principe de fonctionnement d'un goniomètre.

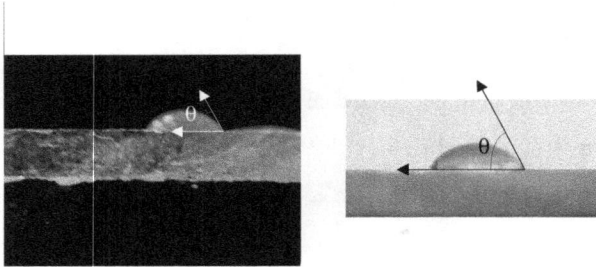

Fig.IV.6 Angle de contact d'une goutte d'eau
sur deux échantillons de SAN

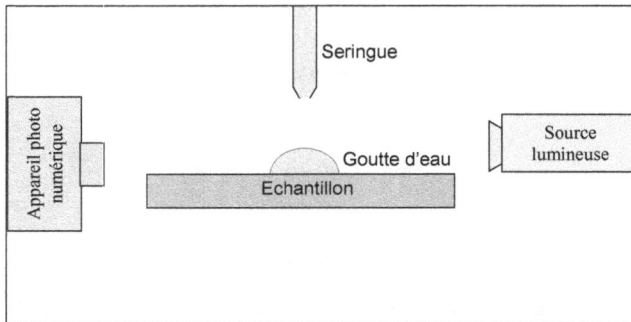

Fig.IV.7 Installation de mesure de l'angle de contact

La variation de l'angle de contact de l'échantillon de SAN soumis à des décharges de surface est donnée dans la figure IV.8. On constate que l'angle de contact diminue avec le temps de vieillissement sous les décharges de surface, ce qui dénote de la diminution de l'hydrophobicité du matériau.

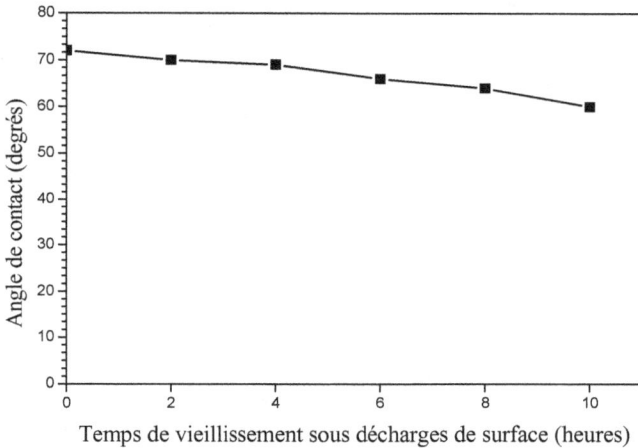

Fig.IV.8. Variation de l'angle de contact en fonction du temps
de vieillissement sous décharges de surface

En versant de l'eau sur l'échantillon de SAN, nous avons constaté qu'un film d'eau recouvre une partie de la surface soumise aux décharges (Fig.IV.9), alors que sur les zones vierges, l'eau n'adhère pas, elle forme des gouttelettes. Une autre méthode pour évaluer l'hydrophobicité d'une surface de polymère est l'utilisation du guide 92/1 de la STRI (Swedish Transmission Research Institute)[101]. Ce guide définit 7 classes HC1 à HC7 (Hydrophobicity classes), de la plus hydrophobique à la plus hydrophilique (Fig.IV.10). Dans notre cas, nous classerons l'échantillon de SAN soumis aux décharges durant 8 heures dans la classe HC 5 qui correspond à une surface complètement mouillée supérieure à 2 cm^2 mais inférieure à 90 % de la surface totale testée.

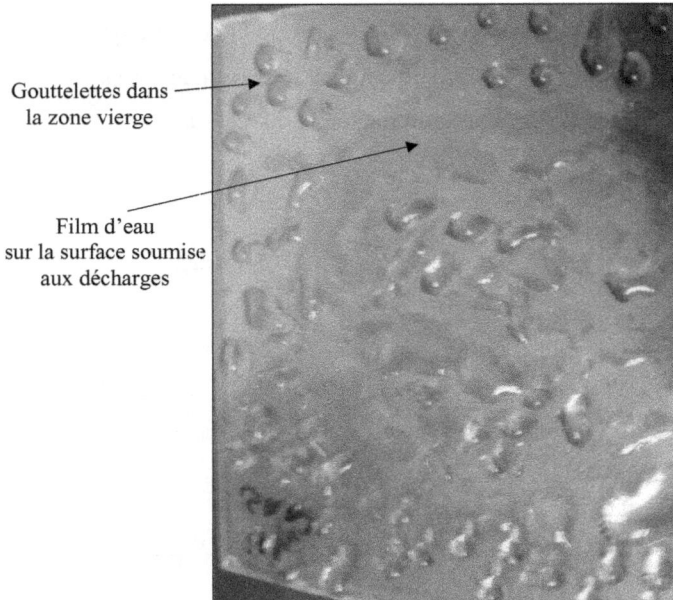

Gouttelettes dans
la zone vierge

Film d'eau
sur la surface soumise
aux décharges

Fig.IV.9. Surface d'une plaque de SAN vieillie durant 8 heures
puis aspergée d'eau pour déterminer la classe d'hydrophobicité

De façon générale, les isolateurs en polymère présentent l'avantage, par rapport à ceux en porcelaine, d'avoir une mouillabilité faible ce qui limite leur pollution [102,103]. Grâce à cette faible mouillabilité, la pollution se dissolvant dans l'eau de pluie ou l'humidité va présenter une discontinuité à la surface de l'isolant et les courants de fuite seront limités.

Cependant, la formation éventuelle de gouttes d'eau à la surface de l'isolant peut favoriser l'apparition de décharges couronne locales par renforcement du champ électrique à la triple jonction solide/goutte d'eau/air [104]. Sous l'action de ces décharges, l'hydrophobicité de la surface sera réduite, la surface adsorbera plus d'humidité, le phénomène d'effet couronne s'accentuera et une dégradation superficielle progressive du solide peut se produire. Il en résulte un cercle vicieux dans la dégradation du solide isolant. Lorsque le polymère perd complètement son hydrophobicité, sa surface peut se couvrir par un film d'eau, le développement des courants de fuite s'accélère, la dégradation superficielle de l'isolant croît et un claquage peut intervenir.

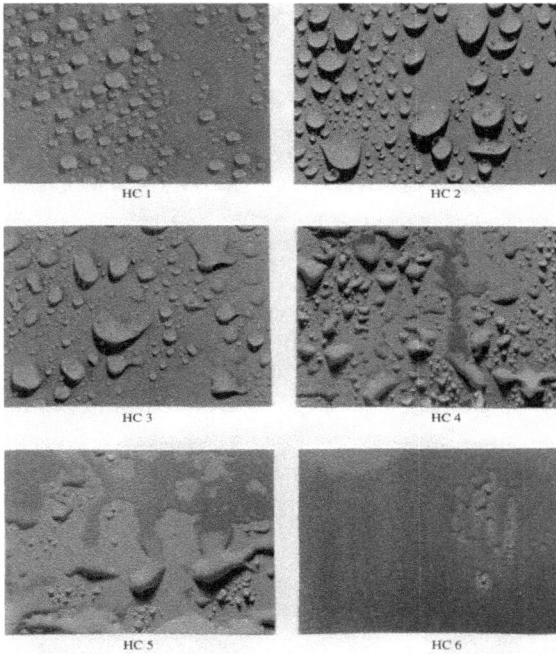

Fig.IV.10. Exemple de surfaces illustrant les classes
d'hydrophobicité de la STRI [101].
(Taille de cette image : 50 % de la taille réelle)

La perte de l'hydrophobicité du polymère après une exposition aux décharges électriques s'explique par une augmentation de la tension interfaciale γ_s du solide due à l'apparition de groupements fonctionnels chimiques hydrophiliques à la surface du solide que nous mettrons en évidence à l'aide de l'analyse à l'infrarouge.

IV.6. Mesure de la résistance superficielle
IV.6.1. Introduction

Les travaux qui traitent du changement de la résistance superficielle des solides isolants soumis à des décharges sont peu nombreux. Il est intéressant de connaître comment la résistance superficielle varie avec le temps d'exposition aux décharges.

L'un des paramètres qui nous permet d'évaluer le degré de dégradation de la surface du solide isolant soumis à des décharges est sa résistance superficielle. La résistance superficielle est définie comme la résistance électrique de la surface d'un matériau isolant.

La norme CEI 93 la définit comme étant le quotient de la tension continue V appliquée entre deux électrodes placées sur la même face d'une éprouvette, par le courant I circulant entre les électrodes après une durée d'application donnée de la tension, en ne tenant pas compte des phénomènes de polarisation éventuels sur les électrodes.

$$R_s = \frac{V}{I} \quad [\Omega]$$

En général, le courant I passe essentiellement dans une couche superficielle de l'éprouvette ainsi que dans le dépôt d'humidité et d'impuretés superficielles, mais il comprend également une composante circulant dans le volume du matériau [79]. Plus la distance entre les deux électrodes de mesure est grande, plus cette composante pénétrera dans le volume du matériau (Fig.IV.11)

A partir de la résistance superficielle mesurée, nous pouvons calculer la résistivité superficielle en utilisant la formule suivante :

$$R_s = \rho_s \frac{d}{S} = \rho_s \frac{d}{L.e} \quad \text{d'où} \quad \rho_s = R_s \frac{L.e}{d}$$

Avec

L : longueur de l'électrode

d : distance inter-électrodes

e : épaisseur de la couche superficielle traversée par le courant mesuré

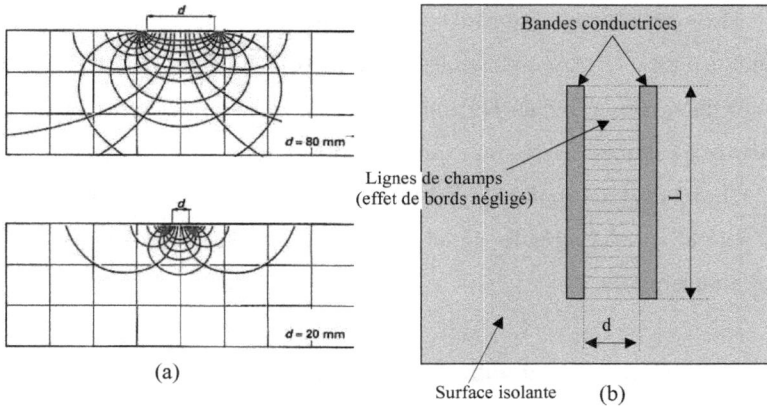

Fig.IV.11. Influence de la géométrie des électrodes
sur la topographie du champ dans la mesure de la résistance
superficielle entre deux bandes conductrices [79]
    (a) : Vue en coupe
    (b) : Vue de dessus

Comme il est question de résistivité superficielle, par définition, une surface n'a pas d'épaisseur. La résistivité superficielle s'exprimera, par conséquent, de la façon suivante :

$$\rho_s = R_s \frac{L}{d} \quad [\Omega]$$

L'unité SI (Système International) de résistivité superficielle est l'ohm. La résistivité superficielle correspond à la résistance superficielle mesurée entre deux électrodes de longueur égale à leur espacement. En pratique, le fait que la résistivité superficielle s'exprime dans la même unité qu'une résistance est souvent source de confusion.

Pour cette raison, elle est parfois exprimée en [ohms·cm/cm] ou encore en ohms par carré ($\Omega/$) rappelant ainsi qu'il s'agit de la résistance mesurée entre deux côtés opposés d'un carré.

Les résistances des isolants pouvant aller jusqu'à 10^{20} Ω [77], les courants à mesurer sont très faibles, environ 10^{-16} A. Pour mesurer des courants aussi faibles, on utilise un électromètre. C'est un multimètre à courant continu capable de mesurer des courants jusqu'à 10^{-17} A.

Les appareils modernes disposent généralement d'une sortie analogique qui permet d'enregistrer le signal de courant, et ainsi, de mieux analyser son évolution temporelle.

IV.6.2. Influence de l'humidité et du champ électrique sur la résistance superficielle

De manière générale, la résistance superficielle dépend de la température, de l'humidité, du champ appliqué et du temps d'application de la tension.

Les autres paramètres d'influence concernent les électrodes (nature et géométrie).

IV.6.2.1. Influence de l'humidité

C'est sans doute le paramètre qui a la plus forte influence sur la résistance superficielle des matériaux isolants. La résistivité superficielle dépend de la teneur en eau du matériau mais, à teneur en eau donnée, elle dépend surtout de l'humidité relative de l'air ambiant. Des variations d'un facteur 100 de la résistance superficielle ont été constatées pour un changement de 10 % de l'humidité relative.

IV.6.2.2. Influence du champ électrique appliqué

En champ faible, les matériaux isolants suivent en général la loi d'Ohm, en d'autres termes, leur résistivité est indépendante du champ appliqué. En revanche, en champ fort, on constate généralement une décroissance de la résistance lorsque le champ appliqué augmente. Cela s'explique par l'injection d'électrons aux électrodes et par la présence d'impuretés ou de défauts dans le matériau.

En pratique, nous mesurons la résistance en champ faible afin de rester dans le domaine ohmique mais, à l'opposé, pour obtenir le maximum de précision, il convient de choisir le champ le plus élevé possible. Dans le cas où l'on souhaiterait comparer les résistances de matériaux d'épaisseurs différentes, il faut travailler à champ électrique constant pour les différents matériaux.

IV.6.3. Technique de mesure de la résistance superficielle

A cause des dimensions réduites de la cellule de mesure, les échantillons de SAN utilisés pour la mesure de la résistance superficielle sont en forme de plaques carrées de 80 mm de côté et 3 mm d'épaisseur. Ils ont une permittivité relative $\varepsilon_r = 3$. Après les avoir lavés puis séchés dans un dessiccateur, nous les avons soumis à des décharges pendant des temps de 2, 4, 6 et 8 heures dans le système d'électrodes de la figure II.1.b. Le champ électrique dans l'intervalle d'air d'épaisseur $g = 3$mm est d'environ 4 kV/mm.

Nous avons effectué la mesure de la résistance superficielle à l'aide d'un appareil de type Keithley (Fig.IV.12).

L'appareil Keithley modèle 6517 A utilisé permet de mesurer des résistances superficielles de 10^3 à 10^{17} Ω. La cellule modèle 8009 destinée à recevoir l'échantillon utilise des électrodes circulaires (Fig.IV.13). Pour utiliser ce modèle, l'échantillon doit être en contact avec toute la surface des électrodes.

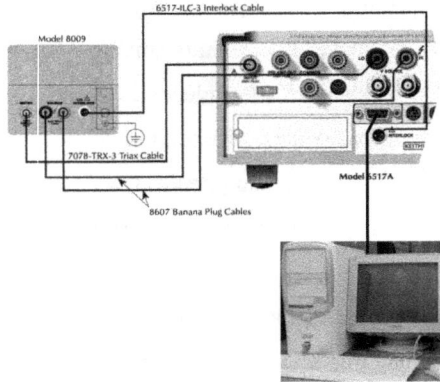

Fig.IV.12. Schéma du dispositif de mesure
de la résistance superficielle

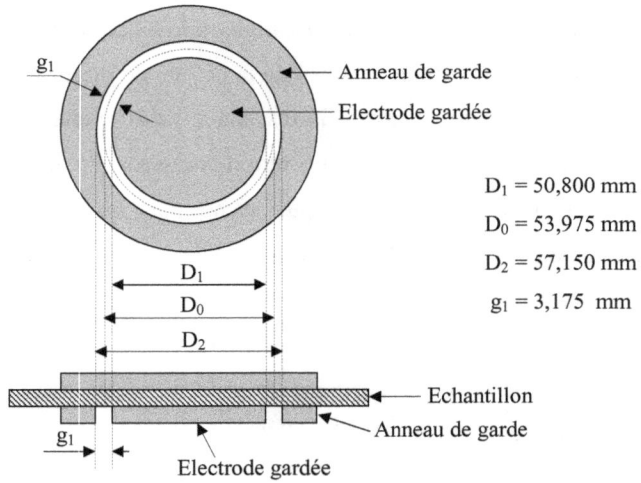

$D_1 = 50,800$ mm

$D_0 = 53,975$ mm

$D_2 = 57,150$ mm

$g_1 = 3,175$ mm

Fig.IV.13. Dimensions des électrodes de la cellule modèle 8009

Avec ce système d'électrodes, la relation entre la résistance superficielle R_s et la résistivité correspondante ρ_s est donnée par la formule :

$$\rho_s = R_s \frac{P}{g_l} \qquad \text{avec} \qquad P = \pi(D_0 + g_1)$$

110

D_0 : diamètre de l'électrode gardée

g_1 : distance entre l'électrode gardée et l'anneau de garde

Il faut noter que la norme CEI 93 décrit d'autres géométries d'électrodes gardées, par exemple carrées, rectangulaires ou en forme de tube.

La figure IV.14 montre la connexion à réaliser avec ces mêmes électrodes pour effectuer une mesure de la résistance superficielle.

L'appareil Kheithley modèle 6517 A effectue automatiquement le calcul et l'affichage de la valeur de la résistance superficielle.

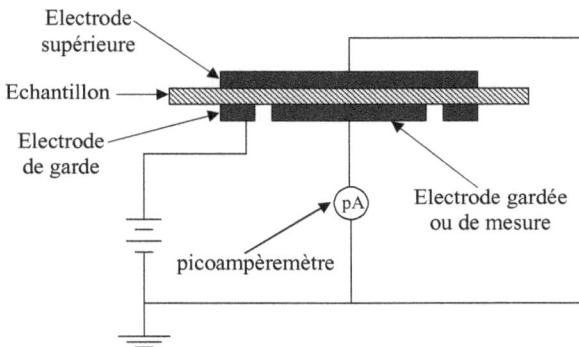

Fig.IV.14. Circuit de mesure de la résistance superficielle

Principe de mesure de la résistance superficielle :

La mesure de grandes résistances (> 1 MΩ) peut présenter des problèmes dus aux courants résiduels qui peuvent être éliminés en effectuant la mesure alternativement en polarité négative puis positive. Une valeur de courant est mesurée en appliquant une tension positive pendant un temps t_m, ensuite on effectue une deuxième mesure dans les même conditions mais en inversant la polarité de la tension. A partir des deux valeurs mesurées un courant I_{cal} est calculé et enregistré dans une mémoire tampon. Cette procédure est répétée quatre fois et une valeur moyenne I_{moy} est obtenue à partir des quatre mesures. La résistance superficielle est calculée en divisant la tension appliquée par la valeur moyenne du courant [105].

L'appareil Keithley est relié à un ordinateur via une interface pour piloter toute la procédure de mesure. Par conséquent, Il n'est nécessaire de faire aucun calcul, il suffit de fixer la tension et le temps de mesure ainsi que le nombre de mesures à effectuer pour calculer la valeur moyenne I_{moy} du courant. La valeur de la résistance est alors calculée et affichée automatiquement.

La forme des électrodes de la cellule de mesure de la résistance superficielle (Fig. IV.13) nous a conduit à choisir, pour le vieillissement électrique de la plaque d'isolant solide, un système d'électrodes planes avec un diamètre de 50 mm de telle sorte que la zone vieillie en forme d'anneau (fig.IV.15) coïncide avec l'espace entre l'électrode centrale et l'électrode de garde de la cellule de mesure. La disposition adoptée est donnée dans la figure IV.16. Une plaque d'isolant solide d'épaisseur e est disposée entre les deux électrodes et une décharge couronne est développée dans l'intervalle d'air d'épaisseur g entre l'électrode haute tension et la surface du solide isolant. La décharge couronne est bien adaptée pour produire un plasma froid que nous appliquerons à la surface de l'isolant. En outre, ce système nous permet une localisation et une distribution en énergie bien définie des espèces (électrons, ions) produites dans la décharge.

Le dispositif que nous utilisons nous permet d'éviter l'arc électrique et de favoriser ainsi le passage de l'énergie électrique en réactivité des espèces formées dans la décharge au détriment de l'énergie thermique. Nous obtenons un plasma froid hors équilibre thermodynamique à pression atmosphérique (la température du gaz est proche de l'ambiante).

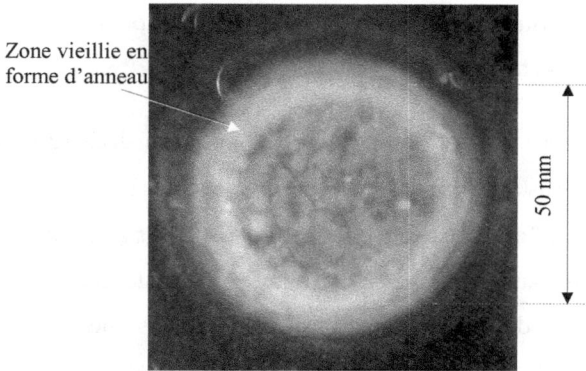

Fig.IV.15. Echantillon de SAN soumis aux
décharges dans le système de la figure IV.16

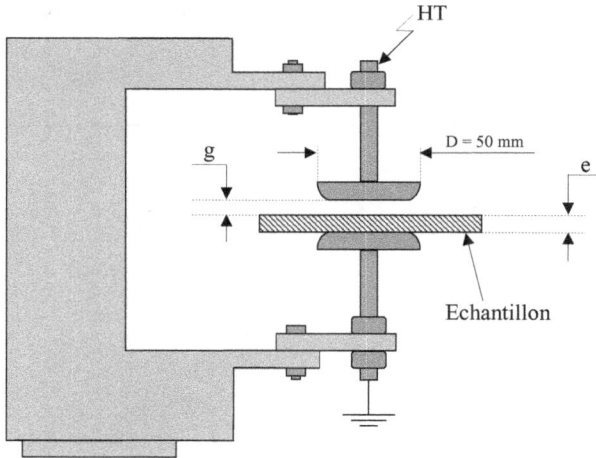

Fig.IV.16. Système d'électrodes pour le vieillissement
sous décharges du solide isolant

IV.6.4. Résultats de la mesure de la résistance superficielle

IV.6.4.1. Résistance superficielle du solide isolant après vieillissement
sous décharges

Nous avons constaté qu'au bout de 4 h sous décharges électriques, la valeur de la résistance superficielle décroît jusqu'à 10^8 Ω alors que celle de l'échantillon neuf est d'environ 10^{12} Ω (Fig.IV.17). La résistance des spécimens de SAN soumis aux décharges montre une importante décroissance durant les premières heures de vieillissement puis elle tend vers une valeur asymptotique [90]. Ce comportement de saturation est aussi observé pour d'autres matériaux [105,106,107]. La décroissance de la résistance est une indication de la modification des propriétés physico-chimiques de la surface du matériau. Des surfaces d'époxy soumises à des décharges subissent d'importantes modifications chimiques [108,109] et physiques et leur résistance superficielle diminue d'au moins 10^6 fois [107].

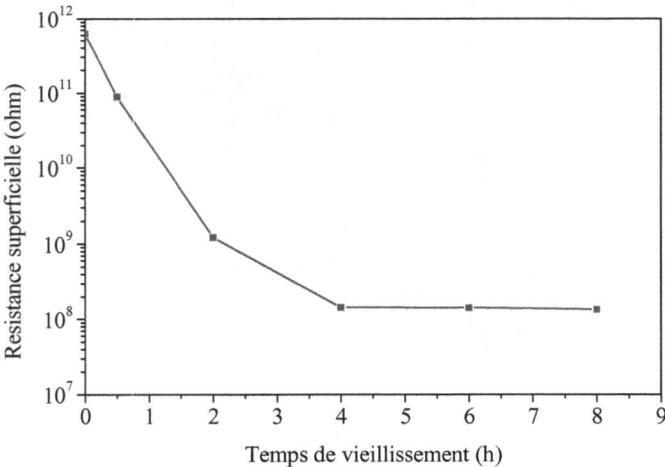

Fig.IV.17. Résistance superficielle en fonction
du temps de vieillissement

La surface dont la mouillabilité augmente à cause de l'oxydation due aux décharges se couvre progressivement d'une fine couche d'humidité, ce qui explique la diminution de la résistance. Sa valeur de saturation est atteinte quand la surface du solide est entièrement couverte par un film d'eau, comme cela a été observé à l'œil nu.

IV.6.4.2. Résistance superficielle après séchage de l'échantillon

Chaque échantillon de SAN, après l'avoir soumis aux décharges électriques et avoir mesuré sa résistance superficielle, est placé dans un dessiccateur. Sa résistance est alors mesurée en fonction du temps de repos passé dans le dessiccateur. La figure IV.18 montre que la résistance superficielle croît avec le temps de repos. Quand les échantillons sont séchés, ils recouvrent partiellement leur résistance. Le même processus est observé pour d'autres matériaux [88,106]. Ce comportement serait dû à la disparition de l'humidité qui s'est formée à la surface du spécimen. Puisque après un séjour de 150 h dans le dessiccateur, la résistance superficielle se stabilise à une valeur de 230 GΩ, légèrement inférieure à celle de l'échantillon neuf qui est égale à 625 GΩ.

Nous constatons que malgré une augmentation importante de la résistance, les spécimens ne recouvrent pas totalement leurs caractéristiques initiales à cause d'une dégradation irréversible de leur surface due au vieillissement sous décharges. La figure IV.18 montre que les échantillons soumis aux décharges électriques durant un temps supérieur ou égal à 4 heures mettent plus de temps que ceux vieillis durant 2 heures pour atteindre la valeur de saturation de 230 GΩ. Ceci peut être attribué au fait que la quantité d'humidité formée sur les spécimens de SAN vieillis durant 4 heures et plus est plus importante et demande, par conséquent, des temps plus grands pour sécher.

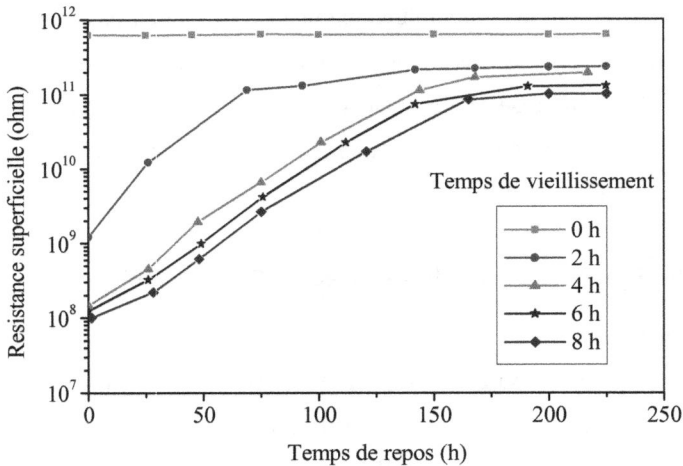

Fig.IV.18. Résistance superficielle en fonction du temps de repos

IV.7. Analyse microscopique

IV.7.1. Principe de fonctionnement du MEB

La microscopie électronique à balayage est un puissant outil d'observation et d'étude des matériaux. Un faisceau d'électrons est envoyé sur l'échantillon par un canon à électrons (Fig.IV.19). En contact avec la matière, ces électrons interagissent de différentes façons.

Le MEB-EDS permet d'exploiter trois informations distinctes, dont deux qui vont être traduites en images par l'utilisation d'un détecteur adapté [110]:

- une image en électrons secondaires (SE), qui naît d'une interaction entre les électrons du faisceau et les électrons des couches électroniques de l'atome du matériau et qui nous donnera une information topographique de l'échantillon.

- Une image en électrons rétrodiffusés (BSE : Backscattered electrons), qui résulte de l'interaction entre les électrons du faisceau, le noyau et le nuage électronique de l'atome du matériau et qui permettra de créer une image par contraste chimique.

- Une troisième information est une analyse élémentaire, le microscope électronique à balayage étant couplé à un détecteur de rayons X à dispersion d'énergie (EDS).

Le MEB est très efficace pour la détection de défauts tels que trous, fissures, etc. Il donne aussi accès à la microanalyse à l'aide de l'EDS qui lui est associé.

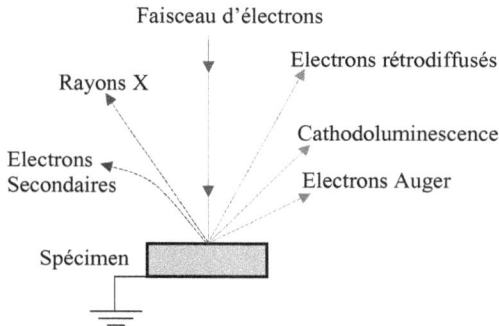

Fig.IV.19. Signaux produits par interaction
d'un électron primaire avec l'échantillon

Le MEB que nous avons utilisé est un appareil dit environnemental dans lequel l'échantillon reste à la pression atmosphérique.

L'échantillon est placé sur une platine micrométrique permettant des déplacements en x, y et z, une rotation autour de la normale et un basculement autour d'une direction perpendiculaire à l'axe optique.

Pour reconstituer l'image de la surface de l'échantillon, nous avons utilisé les électrons secondaires. Ces électrons de quelques dizaines d'électrons-volts d'énergie émis en chaque point de l'échantillon sous l'impact du faisceau électronique (d'un diamètre de l'ordre du nanomètre) sont collectés sur un scintillateur grâce à un champ électrique positif.

Pour l'analyse élémentaire, un détecteur en spectroscopie d'énergie reçoit les rayons X émis. Un analyseur multicanaux permet de classer le nombre d'événements en fonction de leur énergie, et donc de reconstituer le spectre d'émission de l'échantillon. L'intensité de chaque pic d'émission de l'échantillon est comparée à celle d'un étalon pur pour obtenir la concentration de l'élément qui a émis les photons reçus par le détecteur. L'EDS que nous avons utilisé fonctionne selon un processus sans étalon puisqu'il utilise une base de donnée mise en mémoire par le fabricant.

IV.7.2. Résultats expérimentaux et discussion

Nous avons analysé la topographie de la surface de l'échantillon soumis aux décharges superficielles à l'aide d'un microscope électronique à balayage environnemental (ESEM) Philips XL 30 qui fonctionne à des tensions d'accélération du faisceau électronique que nous pouvons faire varier de 5 à 20 kV. Une tension d'accélération de 20 kV permet des profondeurs de pénétration du faisceau électronique de 1 à 10 µm qui correspond à la profondeur d'analyse.

L'avantage que présente le microscope environnemental par rapport au microscope électronique ordinaire est de permettre l'analyse des surfaces isolantes sans quelles soient métallisées.

Lorsqu'on étudie un échantillon isolant en utilisant un MEB usuel, l'interaction électrons/matière conduit à des effets d'accumulation de charges à la surface, ce qui déforme le faisceau d'électrons et fausse l'analyse. Pour éviter l'accumulation de charges dans ce cas, on doit métalliser la surface de l'échantillon en y déposant une couche mince d'or, d'or-palladium ou de carbone.

Dans notre étude, nous avons utilisé un MEB environnemental Philips XL30, couplé à une sonde d'analyse de rayons X à dispersion d'énergie (EDS). Le principe de fonctionnement de ce type de MEB évite l'accumulation de charges à la surface de l'isolant. Il permet d'observer des échantillons isolants sans préparation et est adapté à l'étude d'échantillons biologiques d'où l'appellation « environnemental ». Il est équipé d'un détecteur de rayons X qui nous permet de déterminer la composition élémentaire de la surface du solide isolant.

IV.7.2.1. Topographie de la surface du solide isolant

La figure IV.20 montre avec un agrandissement de 600x à 1500x les micrographes d'un échantillon vierge et d'un échantillon soumis pendant 8 heures aux décharges glissantes. Nous pouvons observer, pour des profondeurs d'analyse correspondant aux tensions 20 kV et 15 kV, la topographie des zones ayant subi des dégradations sous décharges électriques. L'échantillon vierge, observé avec un agrandissement de 2000x, présente une surface lisse et homogène. Alors que l'échantillon ayant subi un vieillissement sous décharges électriques montre des dégradations avec apparition de cratères d'un diamètre d'environ 50 μm (Fig.IV.20. b et d) similaires à ceux trouvés par d'autres chercheurs [87]. Ces cratères seraient provoqués par des décharges locales [86,87].

Nous avons aussi observé au microscope électronique les régions brûlées de l'échantillon de SAN contourné par un arc sous une tension de 22 kV (Fig.IV.21). Ces photos montrent une surface effritée, poudreuse qui correspond à la carbonisation de la surface du solide isolant.

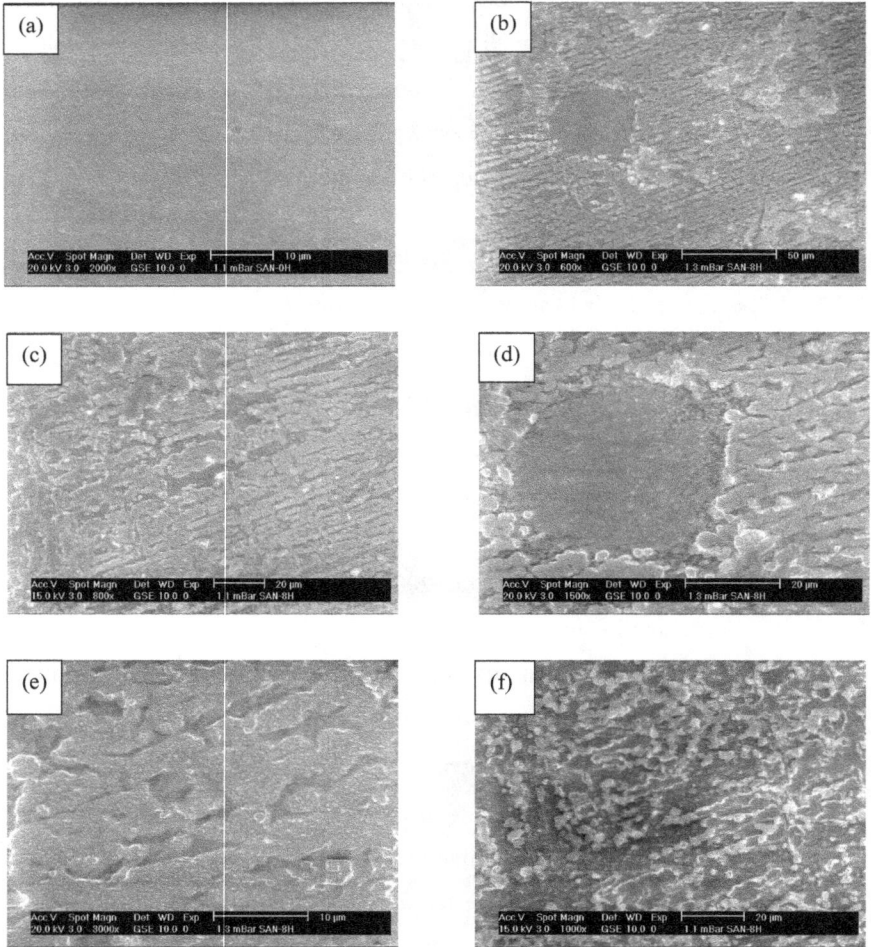

Fig.IV.20. Micrographes de la surface du SAN
   (a) : échantillon vierge
   (b) à (f) : échantillon soumis aux décharges durant 8 heures.

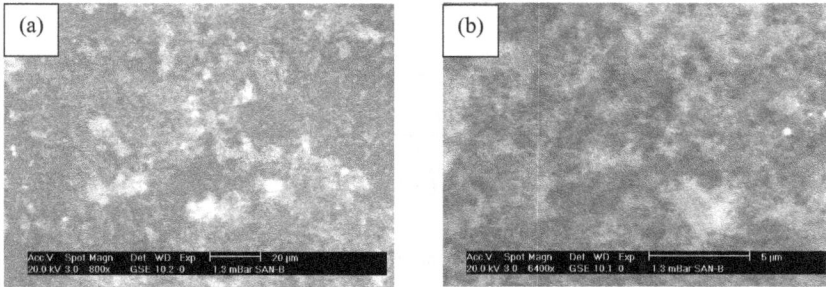

Fig.IV.21. Micrographes de surfaces brûlées par l'arc de contournement

a) Agrandissement 800x

b) Agrandissement 6400x

IV.7.2.2. Analyse élémentaire de la surface du solide isolant

Cette analyse permet de déterminer l'apparition, à la surface du solide, de nouveaux éléments tel que l'oxygène ou la variation de la proportion d'éléments existants tel que le carbone. La profondeur d'analyse dépend de la tension d'accélération du faisceau électronique [111,112].

Nous avons choisi, pour réaliser cette analyse, une faible tension afin de réduire la profondeur d'analyse et détecter seulement les éléments qui se trouvent en surface. Les spectres EDS de la figure IV.22 montrent que la quantité d'oxygène est beaucoup plus importante sur l'échantillon soumis aux décharges électriques durant 8 heures que sur l'échantillon vierge. Ceci indique que la surface de l'isolant s'est oxydée.

L'analyse quantitative réalisée avec l'EDS montre une augmentation du taux oxygène/carbone avec le temps de vieillissement sous décharges électriques (Tableau IV.1).

Tableau IV.1. Variation du taux O/C à la surface du solide isolant soumis aux décharges

Temps de vieillissement (heures)	Taux atomique	
	C	O
0	98,38	1,62
5	96,51	3,49
8	95,17	4.83
12	90,92	9,08

Des résultats similaires ont été trouvés pour d'autres matériaux [113,114]. L'augmentation du taux O/C montre que des liaisons C-H se cassent et l'atome d'oxygène produit dans la décharge s'attache au carbone [115,116]. La faible quantité d'oxygène détectée sur l'échantillon neuf proviendrait de l'humidité de l'atmosphère ou de l'oxydation de la plaque de SAN lors de sa fabrication [117]. Bien que l'azote existe dans la molécule de SAN, il n'a pu être détecté par l'EDS, probablement à cause de sa faible teneur.

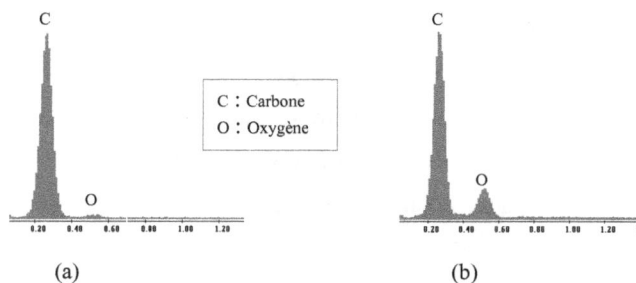

Fig.IV.22. Formation d'oxygène à la surface du solide isolant

a) Echantillon de SAN vierge
b) Echantillon de SAN soumis aux décharges
   de surface durant 8 heures

IV.8. Analyse par spectroscopie infrarouge

IV.8.1. Introduction

La spectroscopie infrarouge à transformée de Fourier (IRTF) est une technique d'analyse physico-chimique qui sonde les liaisons entre les noyaux atomiques et leurs arrangements. Cette méthode permet d'accéder directement à l'information moléculaire, à la nature chimique et à l'organisation de la conformation et de la structure des matériaux analysés [118].

Sous l'effet du rayonnement IR, les molécules de l'échantillon analysé vont subir des changements d'état vibrationnel à des fréquences de vibration caractéristiques de chaque groupement moléculaire.

Cette méthode d'analyse vibrationnelle est non destructrice, elle est qualitative et elle peut être quantitative. Les spectromètres mesurent les nombres d'onde (en cm^{-1})

et l'atténuation de l'énergie de la radiation que l'échantillon absorbe permet une identification des groupements chimiques et une évaluation de leur concentration.

La grande diversité des montages expérimentaux permet pratiquement la caractérisation de tout type d'échantillon, quel que soit son état physique ou de surface.

La spectrométrie FTIR est utilisée pour vérifier la scission ou la formation de nouvelles liaisons chimiques [73]. La variation de l'intensité des pics peut être utilisée pour mesurer le degré de vieillissement du matériau [84,88,119].

Afin d'étudier, à l'aide de l'analyse FTIR, la dégradation superficielle du SAN, nous avons confectionné des échantillons de ce matériau sous forme de films transparents de telle sorte que le rayonnement infrarouge puissent les traverser pour pouvoir analyser les transformations chimiques qui interviendrait suite à leur vieillissement par décharges électriques.

IV.8.2. Préparation des films de SAN

Nous avons dissout quelques grammes de SAN dans de l'acétone. Nous avons ensuite étalé la solution obtenue sur un disque en verre que nous avons au préalable bien nettoyé. Après évaporation de l'acétone nous obtenons un film de SAN d'une épaisseur d'environ 20 μm. L'épaisseur dépend de la concentration de la solution acétone/SAN.

Le film de SAN placé sur une plaque de verre de 5 mm d'épaisseur est soumis à des décharges électriques couronnes dans un système sphère-plan (Fig.IV.23). Cette configuration nous permet d'obtenir une décharge qui produira des espèces (électrons, ions, photons) très réactives vis-à-vis du solide isolant, tout en évitant le passage au régime d'arc qui détruirait l'isolant. L'utilisation d'une électrode pointue provoquera la perforation du film de SAN par concentration du champ électrique au niveau de la pointe.

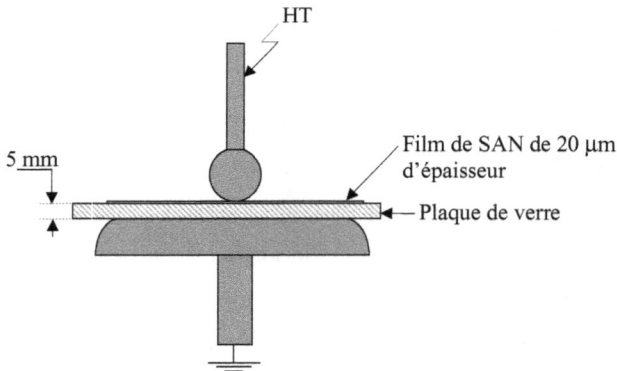

Fig.IV.23. Système utilisé pour vieillir sous décharges électriques un film de SAN

IV.8.3. Technique expérimentale

L'appareil que nous avons utilisé est un spectromètre à infrarouge FTIR de marque Chimadzu 8400 parcourant la gamme 400 – 4000 cm^{-1} à température ambiante. Il est utilisé en transmission pour l'analyse d'échantillons sous forme de film transparents.

De manière générale, les groupements chimiques d'une molécule absorberont les infrarouges à des fréquences caractéristiques. En traçant le spectre d'un matériau et en se référant à des tables, il est possible d'obtenir des informations sur les groupements fonctionnels du matériau. Pour le SAN nous avons utilisé le tableau IV.2 et la figure IV.24 comme référence.

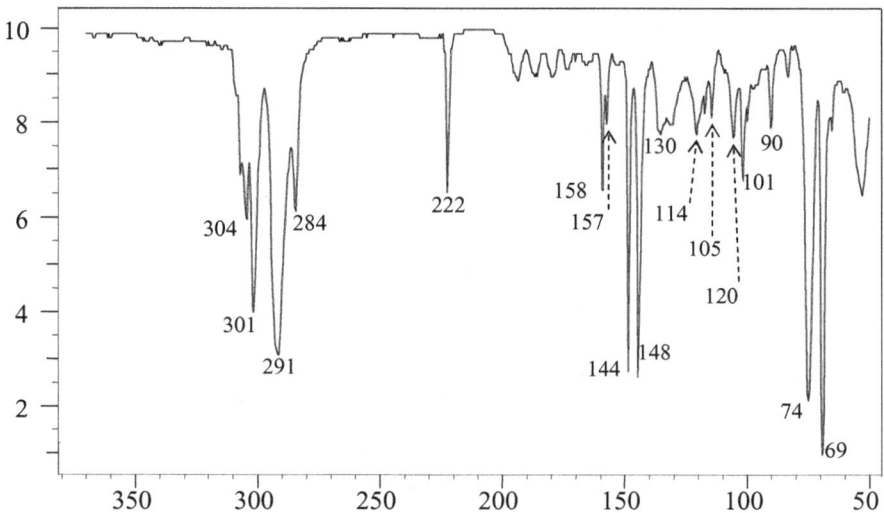

Fig.IV.24. Spectre infrarouge du SAN

Tableau IV.2. Bandes d'absorption des fonctions caractéristiques du SAN

Fonction	Liaison	Fréquence [cm^{-1}]	Type de vibration	Nature de la vibration
Aromatiques	C-H	3080-3030	Elongation	moyenne
-CH$_2$-	C-H	2925	Elongation asymétrique	Forte
		2850	Elongation symétrique	Forte
-C-H	C-H	2890	Elongation	Faible
-CH$_2$-	C-H	1470	Déformation cisaillement	Moyenne
-CH	C-H	1340	Déformation	Faible
Nitrile	-C≡N	2260-2210	Elongation	Moyenne à forte
Aromatiques	C-H	2000-1660 plusieurs bandes	Harmonique des déformations C-H	Faible
Alcane	C-C	1000-1250	Elongation	Forte
Alcène	C=C	1645	Elongation	Moyenne
Aromatiques	C=C	1600 et1500	Elongation	Variable
Aromatiques	C-H	900-700	Déformation dans le plan. Bandes caractéristiques du type de substitution	Variable
$C_{sp^2}-H$ (aromatique)	Valence	3030-3080		Moyenne
$C_{sp^2}-H$ (aromatique) monosubstitué	Déformation hors du plan	690 – 770		Forte
		730 - 770		Forte

En spectrométrie infrarouge, la hauteur des pics dépend de la quantité de produit, mais le rapport de la hauteur des pics (ou de la surface des pics) deux à deux est caractéristique des transformations qu'a subies le matériau.

IV.8.4. Analyse du spectre infrarouge

Pour obtenir le spectre d'un échantillon, on enregistre deux spectres des intensités transmises :
- Le premier, sans échantillon, il constitue le fond d'absorption ou le background.
- Le second, avec l'échantillon, pour obtenir le spectre traditionnel en % d'absorption.

Pour analyser et interpréter un spectre infrarouge, on divise généralement le spectre en deux parties :

1. La section droite (longueurs d'onde $\lambda < 1500$ cm^{-1}) appelée « empreintes digitales » parce qu'elle comprend un très grand nombre de bandes aux formes variées. Si toutes les bandes de cette région se retrouvent dans deux spectres IR, aux mêmes positions et intensités relatives, on peut conclure avec confiance qu'il s'agit de spectres d'un même composé. Le nombre de bandes rend cependant l'analyse de cette section passablement ardue. De plus, la nature des bandes qui se retrouvent dans cette région du spectre révèle peu d'informations structurelles. C'est pourquoi il est recommandé d'ignorer le côté droit du spectre et de concentrer l'analyse sur le côté gauche.

2. La section de gauche (longueurs d'onde > 1500 cm^{-1}) comporte la plupart des bandes qui sont caractéristiques des groupements fonctionnels (C=C, O-H, N-H, C=C,...). La présence ou l'absence de ces bandes est généralement évidente et procure des informations importantes sur la structure du composé.

Le spectre FTIR de l'échantillon neuf en forme de film que nous avons fabriqué est donné dans la figure IV.25.

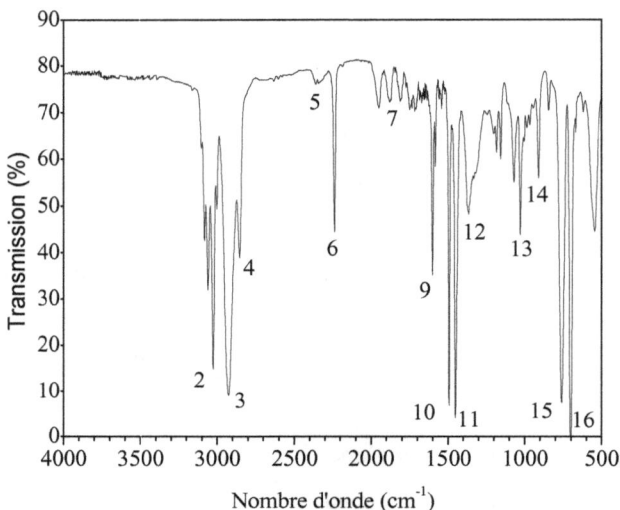

Fig.IV.25. Spectre IR de l'échantillon de SAN neuf

Dans le tableau IV.2, nous donnons les bandes d'absorption (1 à 16) de l'échantillon et les groupements fonctionnels caractéristiques du matériau.

La figure IV.26 montre les spectres de deux échantillons de SAN l'un soumis aux décharges durant 2 heures et l'autre pendant 8 heures. En comparant ces spectres à celui de l'échantillon neuf, nous constatons une diminution de l'intensité des pics d'absorption des liaisons C-H, C-C, et C=C indiquant une réduction des groupements fonctionnels, donc une dégradation du diélectrique. Les spectres des échantillons vieillis montrent que des groupements hydroxyles OH et des liaisons C=O apparaissent respectivement à des fréquences de 3700 – 3200 cm^{-1} et 1716 cm^{-1}. Le groupement OH correspond au pic N°1 et la liaison C=O au pic N° 8.

Tableau IV.2. Bandes d'absorption caractéristiques
du SAN soumis à des décharges de surface

Numéro de la bande d'absorption	Nombre d'onde (cm^{-1})	Groupement fonctionnel	Type de vibration
1	3700-3200	OH	
2	3060-3026	CH aromatique	élongation
3	2925	CH in CH$_2$	élongation
4	2854	CH	élongation
5	2360	CO$_2$	
6	2237	CN	
7	1950-1800	CH aromatique	déformation
8	1716	C=O	
9, 10	1600 - 1492	C=C aromatique	élongation
11	1452	CH in CH$_2$	déformation
12	1363	CH	déformation
13	1028	C-C	
14, 15, 16	700 - 910	CH aromatique	déformation

Un faible pic est observé à 2360 cm^{-1} aussi bien sur l'échantillon neuf que sur les spécimens soumis aux décharges. Ce pic, absent du spectre de référence du SAN (fig.IV.24) est dû à l'absorption de dioxyde de carbone CO$_2$ attaché à la surface du matériau à partir de l'atmosphère [120]. L'absorption à 1716 cm^{-1} due à la double liaison C=O des groupes carbonyles [91,115,121] caractérise l'oxydation du solide isolant [122]. Ceci concorde avec les résultats de l'analyse EDS que nous avons effectuée et qui montrent une augmentation du rapport oxygène/carbone sur les échantillons soumis aux décharges électriques. Autrement dit, l'augmentation d'oxygène détectée par l'EDS est due à l'oxydation de la surface de l'isolant. En effet, l'ozone produit dans la décharge électrique arrache les atomes d'hydrogène des groupements méthyles (C-H) pour former des groupements hydro-péroxydes (C-O-O-H) [123]. A leur tour, les groupements hydro-péroxydes se décomposent sous l'action des décharges pour donner des groupements OH qui absorbent à 3700-3200 cm^{-1} tel qu'observé sur le spectre (Fig.IV.26). Nous pouvons alors conclure que la décharge électrique couronne produit à la surface de l'isolant des carbonyles C=O et des groupements hydroxyles OH qui sont hydrophiles [90]. En effet, les

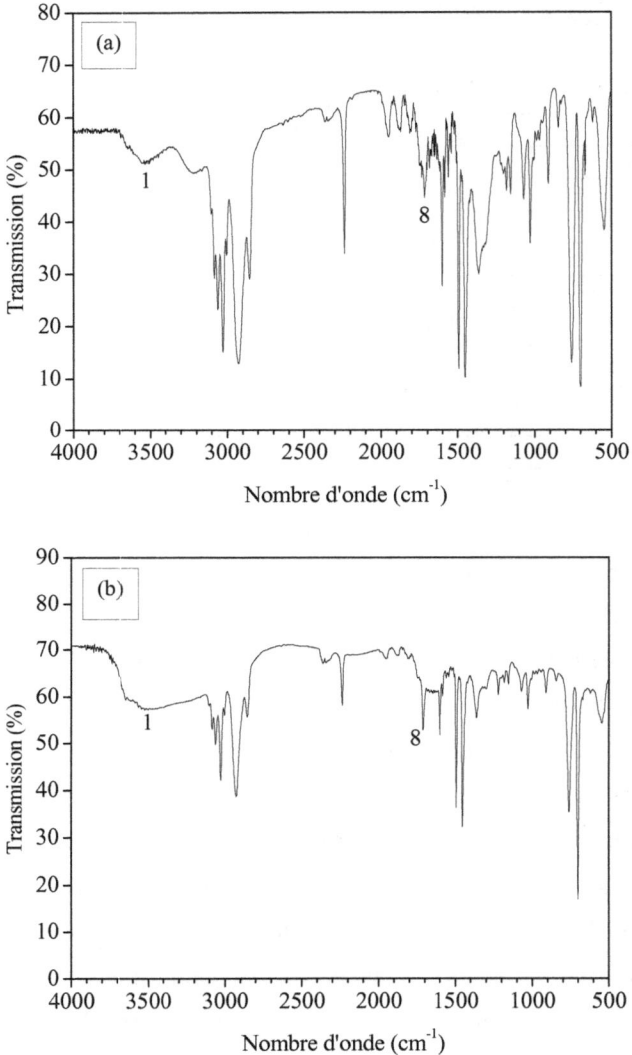

Fig.IV.26. Spectres infrarouges d'échantillons de SAN soumis
à des décharges couronnes
a) durant 2 heures
b) durant 8 heures

groupements OH adsorbent l'humidité environnante [115], ceci expliquerait la formation du film d'eau que nous avons observé sur la surface du solide.

IV.8.5. Analyse du processus de dégradation de la surface du SAN – Modèle de schéma cinétique [90].

En présence d'oxygène, l'application d'une décharge couronne accélère les réactions d'oxydation à la surface du polymère.

Les réactions chimiques responsables de la dégradation d'un polymère donné (P) ont fait l'objet de nombreuses études [70,71,91] et la plupart des chercheurs ont basé leur analyse sur le schéma cinétique simplifié suivant, dérivé des travaux que Bolland [124,125] et Bateman [126] ont réalisés il y a environ soixante ans :

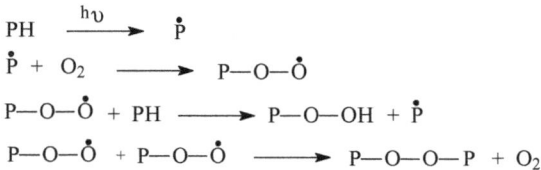

$$PH \xrightarrow{\ h\upsilon\ } \overset{\bullet}{P}$$

$$\overset{\bullet}{P} + O_2 \longrightarrow P-O-\overset{\bullet}{O}$$

$$P-O-\overset{\bullet}{O} + PH \longrightarrow P-O-OH + \overset{\bullet}{P}$$

$$P-O-\overset{\bullet}{O} + P-O-\overset{\bullet}{O} \longrightarrow P-O-O-P + O_2$$

En nous basant sur ce schéma, nous proposons l'analyse suivante pour expliquer la dégradation du polymère SAN. Nous expliquons comme suit, le processus d'oxydation de la surface de l'isolant et la formation de certains produits de dégradation :

L'énergie hv que peut recevoir une molécule d'oxygène au sein de la décharge électrique provoque la rupture de la liaison π qui est plus fragile que la liaison σ de la molécule O_2 pour donner un oxygène activé très réactif :

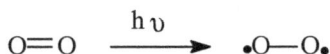

$$O=O \xrightarrow{h\upsilon} \bullet O—O\bullet$$

Le polymère SAN réagit avec l'oxygène activé pour former un hydro-peroxyde   (O-O-H) à la place de l'atome d'hydrogène qui a été arraché sous l'action de l'énergie hv communiquée au matériau par la décharge :

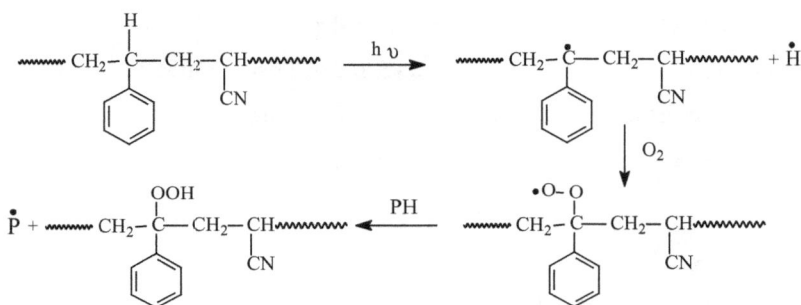

La liaison O-OH de l'hydropéroxyde attaché au polymère étant la plus fragile, elle se rompra facilement sous l'action de l'énergie de la décharge. Un groupement hydroxyle (OH) se détachera et un carbonyle (C=O) se formera alors :

1- soit par rupture de la liaison carbone cycle aromatique

2- soit par rupture de la chaîne principale

Suivront ensuite des transformations chimiques qui donneront les produits de décomposition suivants : Monomères styrène et acrylonitrile, Hydrocarbure aromatique, Nitriles, Aldéhydes ou cétones, Ammoniac (NH_3) et HCN.

Formation des espèces carbonyles, monomère acrylonitrile :

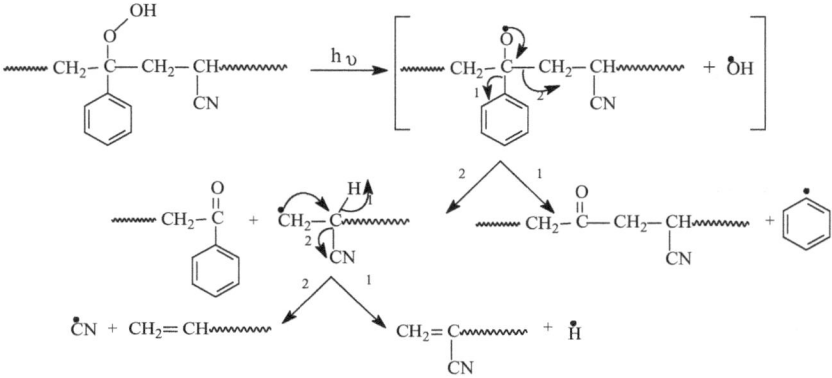

La formation des doubles liaisons C=C et C=O explique le changement de couleur des régions soumises aux décharges de surface que nous avons constaté.

Formations d'eau, acide cyanhydrique (HCN), hydrocarbures aromatiques

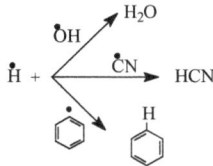

L'humidité observée à la surface du solide isolant soumis aux décharges couronnes peut se former selon deux processus :

a) Le groupe hydroxyle OH capture un hydrogène radicalaire

b) Le groupe hydroxyle s'attache avec un hydrogène libre produit dans la décomposition du SAN sous l'action des décharges électriques

(a) ⌁⌁⌁ CH$_2$– C̈H — CH$_2$—CH⌁⌁⌁ + ȮH ⟶ ⌁⌁⌁ CH$_2$– Ċ — CH$_2$—CH⌁⌁⌁ + H$_2$O

(b) ȮH + Ḣ ⟶ H$_2$O

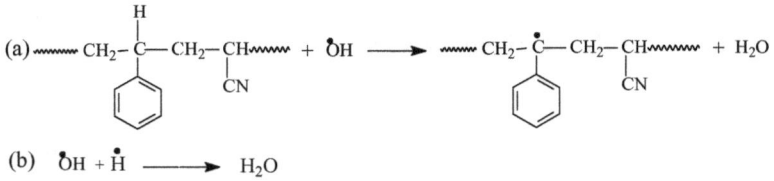

IV.9. Processus de rupture diélectrique de l'isolation par décharges de surface

A partir du diagramme donné par Mason [12] et à la lumière des résultats que nous avons obtenus, nous établissons le diagramme ci-dessous (Fig.IV.27) pour expliquer la rupture diélectrique d'une isolation air-solide exposée à des décharges superficielles. Le temps nécessaire à cette rupture diélectrique dépend de la fréquence et de l'amplitude de la tension, des conditions ambiantes et des éventuelles contraintes mécaniques auxquelles l'isolation est soumise. Une décharge de surface peut initier aussi le développement d'arborescences dans l'isolant solide.

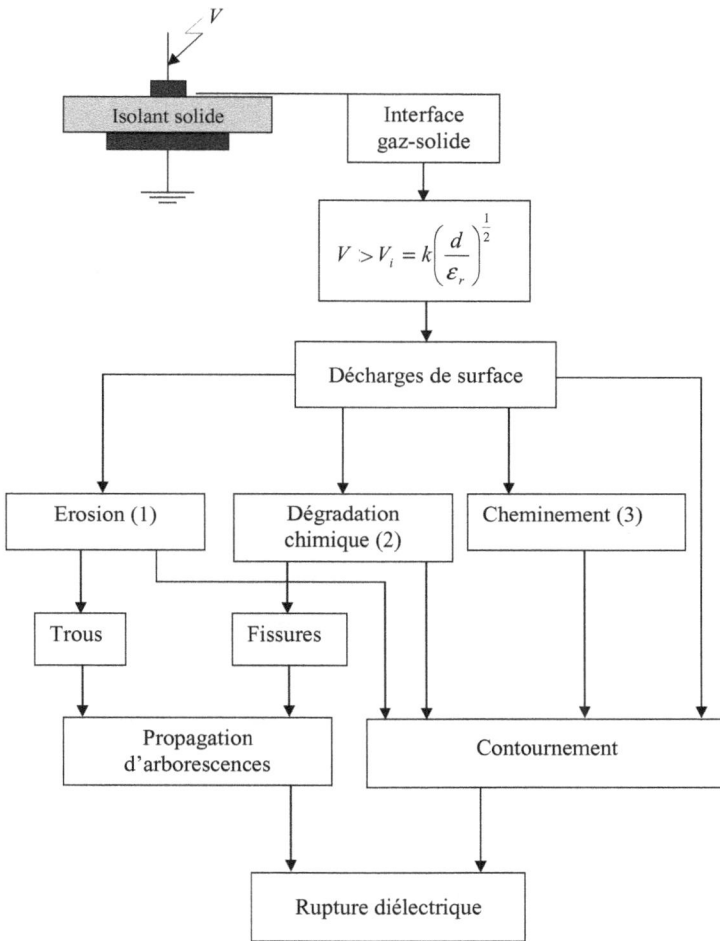

Fig.IV.27. Diagramme de rupture par décharges de surface

(1) : Erosion de la surface par bombardement par les ions de la décharge. La surface devient rugueuse, son hydrophobicité diminue et elle peut se couvrir d'humidité par adsorption de molécules d'eau. Des courants superficiels peuvent alors se développer, accélérer l'érosion et réduire encore l'hydrophobicité de la surface. On rentre ainsi dans un cercle vicieux qui

conduira à une rupture par contournement. Sous le bombardement des ions, des trous peuvent aussi se former et se développer en arborescence qui va provoquer une rupture diélectrique.

(2) : Interaction des espèces (électrons énergétiques, ions, ozone, photons) produites dans la décharge avec les molécules de la surface du solide isolant (C-H, C-H$_2$, C-CN, C-C,…). Cette interaction provoquera les processus suivants :

-   Ruptures de liaisons chimiques C-H, C-H$_2$, C-CN, C-C. La rupture de la chaîne principale par cassure de la liaison C-C constitue une dégradation du matériau et la formation de produits de décomposition qui se déposeront à la surface du solide.
-   Oxydation de la surface du polymère par attachement de l'oxygène activé dans la décharge avec des atomes de carbone pour former des groupements carbonyles C=O [127]. La fixation d'atomes d'oxygène à la surface du solide isolant rend celle-ci hydrophile. Des molécules d'eau s'attachent alors à la surface du matériau solide, d'où l'apparition des groupements hydroxyles OH.

(3) : Le cheminement se produit lorsque la tension est élevée, un arc s'établit en provoquant une carbonisation de la surface de l'isolant [128].

Tous ces processus transformeront les propriétés physico-chimiques de la surface du solide isolant qui se dégradera à long terme [63]. Généralement deux ou plusieurs phénomènes peuvent se produire simultanément ou successivement pour conduire à une rupture diélectrique.

IV.10. Conclusion

Dans ce chapitre nous avons étudié les effets de la décharge électrique sur la surface d'un polymère, le styrène acrylonitrile. La dégradation de la surface a été mise en évidence par les différentes techniques utilisées.

L'observation visuelle a montré un changement de couleur des régions soumises aux décharges et la formation d'une couche d'humidité sur ces régions. Les images obtenues au microscope électronique à balayage confirment que ces régions ont subi une dégradation.

La résistance superficielle des échantillons de SAN a chuté de plusieurs ordres de grandeur après 8 heures de vieillissement sous décharges électriques. Néanmoins, nous avons constaté qu'après environ 150 heures le solide isolant, séché dans un dessiccateur, recouvre en grande partie sa résistance superficielle. Ceci montre que la diminution de la résistance superficielle est due en grande partie à la formation de la couche d'humidité sur les surfaces soumises aux décharges électriques

L'angle de contact de la surface vieillie a également diminué. En mouillant cette surface, elle se recouvre d'un film d'eau alors que les régions non soumises aux décharges électriques restent sèches.

Les analyses effectuées avec l'EDS ont montré une nette augmentation de la quantité d'oxygène à la surface du matériau. Les spectres infrarouges confirment la formation d'oxygène à la surface de l'échantillon. En effet, des doubles liaisons $C=O$ se sont formées et des groupements hydroxyles OH sont apparus. De façon générale, l'attachement d'atomes d'oxygènes à la surface du solide isolant réduit l'hydrophobicité de ce dernier.

Nous avons élaboré un modèle de schéma cinétique pour expliquer le processus de dégradation de la surface du styrène acrylonitrile soumis à l'action des décharges électriques.

Bien que la surface de l'isolant soit propre au départ, les décharges peuvent transformer ses propriétés physico-chimiques et la rendre encore plus vulnérable à l'action de ces décharges à cause de la diminution de son hydrophobicité et de la formation de produits de décomposition.

Conclusion générale

Conclusion

Dans ce travail, nous nous sommes intéressés à l'interaction de la décharge électrique, dans la phase de préclaquage, avec une interface air/solide isolant. Nous avons d'une part, étudié les caractéristiques des décharges de surface et d'autre part, analysé les dégradations subies par le solide isolant sous l'action de ces décharges.

Pour caractériser la décharge de surface, nous avons choisi d'étudier le courant qui lui est associé parce qu'il constitue le facteur par lequel la décharge exerce une action de dégradation sur le solide isolant.

Nous avons montré que le courant maximum et la charge associés à la décharge augmentent avec la tension appliquée, la permittivité du solide isolant, la diminution de l'épaisseur de ce dernier et l'inclusion d'une couche d'air en série avec le solide isolant.

Le courant maximum et la charge associés à la décharge sont nettement plus grands en polarité positive qu'en polarité négative. En présence d'une couche d'air, le courant maximum en alternance négative reste pratiquement constant lorsque la tension appliquée augmente, alors qu'en alternance positive il croît fortement.

Les courbes de tension et de courant enregistrées ont montré l'existence d'une décharge inverse qui se produit en général juste avant le passage par zéro de la tension.

Nous avons mis en évidence l'aspect non radial et non symétrique de la décharge de surface en tension alternative 50 Hz, contrairement à la décharge sous tension impulsionnelle. La décharge sous tension alternative se développe sous forme de streamer à une branche avec des ramifications tournant autour de l'électrode haute tension.

Nous avons montré l'interaction de la décharge de surface avec le solide isolant : d'une part, le solide isolant exerce une influence sur la décharge par sa permittivité, son épaisseur, mais aussi par les charges qui s'accumulent à sa surface. D'autre part, la décharge agit sur le solide isolant en transformant ses propriétés physico-chimiques. Ce qui se traduit par une oxydation et une dégradation superficielle, une diminution de son hydrophobicité et une diminution de sa résistance superficielle.

Nous avons établi un modèle de schéma cinétique pour expliquer comment les particules très énergétiques et les rayonnements produits par les décharges agissent sur les chaînes moléculaires de la surface du solide. Des ruptures de liaisons chimiques se produisent et de nouveaux groupements fonctionnels apparaissent. La transformation des propriétés physico-chimiques de la surface du solide se traduira par une dégradation, un changement de couleur, une diminution de l'hydrophobicité et la formation de produits de décomposition.

Toutes ces transformations à la surface du solide favorisent le développement de la décharge qui à son tour accentuera la dégradation du solide. Un cercle vicieux s'établit entre le développement de la décharge et la dégradation du polymère. L'un accentuant l'autre, une rupture diélectrique peut intervenir à plus ou moins long terme.

Par ce travail, nous avons contribué, sous un angle nouveau, à l'exploration d'un domaine difficile et peu connu. L'idée qui ressort aussi de cette étude est la richesse de potentialités à venir dans ce domaine aussi bien en matière d'isolation que sur le plan des applications industrielles des décharges de surface.

Références bibliographiques

Références bibliographiques

[1]   R.S. Nema and F. Zahra "Study of Corona Pulses in Air-Solid Interface" I.E.E.E. Conference Record of International Symposium on Electrical Insulation, pp. 407-410, Virginia, USA, 1998.

[2]   C.Y. Kim, J. Evans and D.A.I. Goring, "Corona-Induced Autohesion of Polyethylene", J. Appl. Polym. Sci. N°15, pp. 1365-1375, 1971.

[3]   A. Pokryvailo, M. Wolf, Y. Yankelevich, S. Wald, L.R. Grabowski, E.M. Van Veldhuizen, W.R. Rutgers, M. Reiser, B. Glocker, T. Eckhardt, P. Kempenaers and A. Welleman, "High-Power Pulsed Corona for Treatment of Pollutants in Heterogeneous Media", IEEE Transactions on Plasma Science, Vol. 34, N°5, pp. 1731-1743, 2006.

[4]   A. Sierota and J.H. Calderwood, "Degradation and Breakdown of Solid Dielectric Materials Resulting from Surface Discharges in Air and in Insulating Liquids", IEEE Trans. Dielect. Elect. Insul., Vol. 23, N°6, pp. 993-998, 1988.

[5]   S. Vaquié, « L'arc électrique », CNRS, Editions Eyrolles, 2000.

[6]   S.Y. Li, K.D. Srivaslava and G.D. Theophilus, "Nanosecond Streak Photography of Discharges on Spacer Surface in Gases", IEEE Trans. Elect. Insul. Magasine, Vol.2, N°1, pp. 114-120, 1995.

[7]   S. Larigaldie, "Etude expérimentale et modélisation des mécanismes physiques de l'étincelle glissante", ONERA, 1986.

[8]   L.N. Allen and P.N. Mikropoulos, "Surface Profile Effect of Streamer Propagation and Breakdown in Air", IEEE Trans. Dielect. Elect. Insul., Vol.8, N°5, pp. 812-817, 2001.

[9]   G. Le Roy, C. Gary. B. hutzler, J. Lalot and C. Dubanton, "Les propriétés diélectriques de l'air et les très hautes tensions" Editions Eyrolles, 1984.

[10] J. M. Meek, "A theory of spark discharge", Phys. Rev., Vol. 57, p. 722, 1940

[11] L.B. Loeb and A.F. Kip, "Electrical discharge in air at atmospheric pressure", J. Appl. Phys., Vol. 10, p.142, 1939.

[12] J.H. Mason, "Discharges", IEEE Trans. Electr. Insul., Vol EI-3, N° 4, pp. 211-239, 1978.

[13] R. Papoular, "Phénomènes électriques dans les gaz" , Edition Dunod, 1963.

[14] Y. Murooka, T. Kakada and K. Hidaka, "Nanosecond Surface Discharge and Charge Density Evaluation PartI: Review and Experiments" IEEE Electr. Insul. Magazine, Vol 17, N° 2, pp. 6-16, 2001.

[15] F.H. Merrill an A. Von Hippel, "The atom physical interpretation of Lichtenberg figures and their application to the study of gas discharge phenomena" J. Appl. Phys., Vol. 10, pp. 873-887, 1939.

[16] U. Shinohara, "Study on the impulse corona", IEE of Japan, Vol. 52, pp. 218-227, 1932.

[17] S. Fujitaka and Y. Fujita, "The silicon klydonograph", Inst.of Ind. Sci., Univ. of Tokyo, n° 5, pp. 131-134, 1953.

[18] G. Waidmann, "The velocity of streamer tip in impulse point-to-plane corona in air using Lichtenberg figure techniques", Z. Phys., Vol. 179, pp. 102-110, 1964.

[19] Y. Murooka and S. Koyama, "Nanosecond surface discharge study by using dust figure techniques" J. Appl. Phys., Vol. 44, pp. 1576-1580, 1973.

[20] A. Kawashima and S. Fukuda, "A method for observing Lichtenberg figure using high speed image-converter cameras", Rev. Sci. Inst., Vol. 44, pp. 1142-1143, 1973.

[21] M. Sone and Y. Toriyama, "Liquid crystal Lichtenberg figure", J. Appl. Phys. Lett., Vol. 24, pp. 115-117, 1974.

[22] Y. Zhu, T. Koyama, T. Takada and Y. Murooka, "Two dimentional measurement technique for birefringence vector distributions: data processing and experimental verification", Applied Optics, vol. 38, pp. 2225-2231, 1999.

[23] Y. Toriyama, "Study on discharge", IEE of Japan, Vol. 49, pp. 922-943, 1929.

[24] Y.C. Zhu, T. Takada, Y. Inoue and D. Tu, "Dynamic Observation of Needle-Plane Surface Discharge using the Electro-optical Pockels Effect", IEEE Trans. Dielectr. and Electr. Insul., Vol. 3, N° 3, pp. 460-468, 1996.

[25] T.W. Dakin, H.M. Philofsky and W.C. Divens, "Effect of electric discharges on the breakdown of solid insulation", Trans. A.I.E.E., Vol. 73, pp. 155-162, 1954.

[26] M.C. Halleck, "Calculation of corona starting voltage in air-solid dielectric systems", Trans. A.I.E.E. Vol. 75, pp. 211-218, 1956.

[27] L.J. Frisco and T. J. Chapman, "The flashover strenght of solid dielectrics", Trans. A.I.E.E. Vol. 75, pp. 77, 1956.

[28] J.H. Mason, "The resistance of sheet insulation to surface discharges", Proc. I.E.E., 107A, pp. 551-567, 1960.

[29] A. Kawashima and S. Holt, "Lichtenberg Figures on Various Electrical Insulating Materials" IEEE Trans. Electr. Insul. Vol. E.I.-13, N° 1, 1978.

[30]   J. Lewis, T.S. Sudarshan, J.E. Thompson, D. Lee and R.A. Dougal, "Pre-breakdown and Breakdown Phenomena of Dielectric Surface in Vacuum and Nitrogen Gas Stressed by 60 Hz Voltage" IEEE Conf. Record 6 Interfacial Phenomena in Practical Systems- Gaithburg, MD, USA, 19-20 september 1988.

[31]   V.N. Malle rand K.D. Srivastava, "Corona Inspection Phenomena in Solid-Air Composite Systems", IEEE Trans. Electr. Insul. Vol. E.I.-18 N° 4, August 1983.

[32]   Y. Manabe and T. Shimazaki, "Formation Mechanism of Surface Corona on Dielectric Plates under Negative Impulse Voltage in Atmospheric Air" IEEE Trans. Dielectr. Electr. Insul., Vol.11, N° 4, 2004.

[33]   C. Konig, I. Quint, P. Rosch and B. Bayer, "Surface Discharges on Contaminated Epoxy Insulators", IEEE Trans. Electr. Insul., Vol. 24, N° 2, pp. 229-237, 1989.

[34]   P.S. Ghosh, N. Chatterjee, "Polluted Insulator Flashover Model for AC Voltage", IEEE Transactions on Dielectrics and Electrical Insulation, Vol. 2, N°1, pp. 128 – 136, 1995.

[35]   F.A.M. Rizk,   A.Q. Rezazada, "Modeling of Altitude Effects on AC Flashover of Polluted High Voltage Insulators", IEEE Transactions on Power Delivery Volume 12, pp. 810 – 822, April 1997.

[36]   A. Mekhaldi, D. Namane and S. Bouazabia, "Flashover of Discontinuous Pollution Layer on H.V. Insulators", IEEE Trans. on Dielectrics and Electrical Insulation, Vol. 6, N° 6, pp. 900-906, 1999.

[37]   N. Dhahbi-Megriche, A.Beroual, "Flashover Dynamic Model of Polluted Insulators under AC Voltage" IEEE Transactions on Dielectrics and Electrical Insulation, Vol.7, pp. 283 – 289, 2000.

[38]   M. Teguar, A. Abimouloud, A. Mekhaldi and B. Boubakeur, "Influence of Discontinuous Pollution Width on the Surface Conduction. Frequency Characteristics of the Leakage Current", IEEE, Annual Report Conference on Electrical Insulation and Dielectric Phenomena, Vol.1, pp. 211-214, 2000.

[39]   F. Amarh, G. G. Karady, R.Sundararajan,   "Linear Stochastic Analysis of Polluted Insulator   Leakage   Current",   IEEE   Power   Engineering   Review, Vol.22, pp. 63 – 64, 2002.

[40]   J.S. Forest, "The characteristics an the performance in service of high voltage porcelain insulators", J.I.E.E., Vol. 89, pp. 60-92, 1942.

[41]   C. Eliasson and U. Kogelschatz, "UV excimer radiation from dielectric barrier discharge", J. Phys. B: Appl. Phys., Vol. 46, pp. 299-303, 1988.

[42]   J.R. Roth, D.M. Sherman and S.P. Wilkinson, "Electrohydrodynamic flow control with a glow discharge surface plasma", A.I.A.A. Journal, Vol. 38, N° 7, pp. 1172-1179, 2000.

[43] Tran Min Duc, "Analyse de surface par ESCA – Analyse élémentaire et applications", Techniques de l'ingénieur, P2626.

[44] N. Dumitrascu, G. Borcia, N. Apetroaei and G. Popa, "Immobilization of biologically active species on PA-6 foils treated by dielectric barrier discharge", J. Appl. Polym. Sci., Vol. 90, N° 7, pp. 1985-1990, 2003.

[45] M. Laroussi, D.A. Rosenberg, "Plasma interaction with microbes" New J. Phys., Vol 5, pp. 41.1-41.10, 2003.

[46] A.M. Pointu, J. Perrin, J. Jolly, "Plasmas froids de décharge – Applications et diagnostic », Techniques de l'ingénieur, D2835.

[47] C. Monge, R. Peyrous, B. Held, "Optimization of a corona wire-to-cylinder ozone generator. Comparison with economical criteria", Science & Engineering, Vol.19, N° 6, pp. 533-547, 1997.

[48] J.S. Danel, "Micro-usinage des matériaux monocristallins", Techniques de l'ingénieur, BM7290.

[49] A. Cousin, "Restitution des images – Ecrans plats », Techniques de l'ingénieur, E5660.

[50] Y.L. Sam, P.L. Lewin, A.E. Davies, J.S. Wilkinson, S.J. Sutton and S.G. Swingler, "Surface Discharge measurements of Polymeric Materials", IEE Proc. Sci. Meas. Technol., Vol.150, N° 2, pp.43-52, 2003.

[51] H.G. Miller, "Surface Flashover of Insulators", IEEE Trans., Electr. Insul., Vol. 24, N°5, pp. 765-786, 1989.

[52] N. L. Allen and P. N. Mikropoulos, "Streamer Propagation along Insulating Surfaces", IEEE Trans. Dielectr. and Electr. Insul., Vol.6, N°3, pp. 357-362, 1999.

[53] Y. Yamano, Y. Takahashi and S. Kobayashi, "Improving Insulator Reliability with Insulating Barriers", IEEE Transactions on Electrical Insulation, Vol. 25, N° 6, pp. 1174-1179, 1990.

[54] M. A. Handala and M. Moudoud, "Prebreakdown current in an air gap with dielectric barrier stressed by 5 Hz voltage", Record of the Fifth International Middle East Power Conference MEPCON'97, Alexandria, Egypt, Jan 4-6, pp. 675-678, 1997.

[55] R. Messaoudi, A. Younsi, F. Massine, B. Despax and C. Mayoux, "Influence of Humidity on Current Waveform and Light Emission of a Low-Frequency Discharge Controlled by a Dielectric Barrier", IEEE Trans. on Dielectr. and Electr. Insul., Vol.3, N° 4, pp. 537-543, 1996.

[56] R.J. Van Brunt, "Physics and Chemistry of Partial Discharges and Corona – Recent Advances and Future Challenges", IEEE Trans. On Electr. Insul. and Dielectr. Phenomena, Vol.1, N° 5, pp. 761-784, 1994.

[57] Y.H. Kwon, I.H. Park, S. Hwangbo, D.Y. Yi and M.K. Han, "The Space Charge Effect on PD and Dielectric Barrier Discharge in XLPE under High AC Voltages", IEEE Conference on Electrical Insulation and Dielectric Phenomena, Vol. 1,   pp.145-148, 2000.

[58] Y. Murooka and S. Koyama, "A Nanosecond Surface Discharge Study in Low Pressures", J. Appl. Phys. Vol. 50, pp. 6200-6206, 1979.

[59] H. Hidaka and Y. Murooka, "3.0-ns Surface Discharge Development", J. Appl. Phys. Vol. 59, pp. 87-92, 1985.

[60] Y. Takahashi, H. Fujii, S. Wakabayashi, T. Hirano and S. Kobayashi, "Discharges due to Separation of Corona-charged Insulating Sheet from a Grounded Metal Cylinder", IEEE Trans. Insul., Vol.24, N°4, pp. 573-580, 1989.

[61] H. Okubo, M. Kanegami, M. Hikita and Y. Kito, "Creepage Discharge Propagation in Air and SF6 Influenced by Surface Charge on Solid Dielectrics", IEEE Trans. Dielectr. Electr. Insul., Vol.1, pp. 294-304, 1994.

[62] O. Farish and I. Al-Bawy, "Effect of Surface Charge on Impulse Flashover of Insulator in SF6", IEEE Trans. Electr. Insul., Vol. 26, N°3, pp. 443-452, 1991.

[63] Y.L. Sam, P.L. Lewin, A.E. Davies, J.S. Wilkinson, S.J. Sutton and S.G. Swingler, "Dynamic AC Surface Discharge Characteristic of PMMA and LDPE", Proceedings of the 2001 IEEE 7th International Conf. Solid Dielectr., pp. 159-162, June 25-29, 2001

[64] Y.C. Zhu, T. Takada and D.M. Tu, "An Optical Measurement Technique for Studying Residual Charge Distribution", J. Phys. D, Vol. 28, pp.1468-1477, 1995.

[65] Y.L. Sam, P.L. Lewin, A.E. Davies and J.S. Wilkinson, "Dynamic measurement of surface charge", 8th International Conf. Dielectric Materials, Measurements and Applications, pp.369-373, 2000.

[66] T. Kawasaki, T. Terashima, Y. Zhu, T. Takada and T. Maeno, "Highly sensitive measurement of surface distribution using the Pockels Effect and an image lock-in amplifier", J. Phys. D: Appl. Phys., Vol. 27, pp. 1646-1652, 1994.

[67] A.B. Saveliev and G.J. Pietsh, "On the structure of dielectric barrier surface discharges", International Symposium on High Pressure Low Temperature Plasma Chemistry, "Hackone VIII", Vol. 2, pp. 229-233, 2002.

[68] E. Nasser, "Development of Spark in Air from a Negative Point", J. Appl. Phys., Vol. 42, pp.2839-2847, 1971.

[69] M. Gamez-Garcia, R. Bartnikas and M.R. Wertheimer, "Correlation of Surface Degradation and Charge Trapping in XLPE Subjected to Partial Discharges", IEEE Conference Record of the International Symposium on Electrical Insulation, pp.287-291, Boston, 1988.

[70] N. Grassie and G. Scott, "Polymer Degradation and Stabilisation", Cambridge University Press, New York, 1985.

[71] H.H.G. Jellinek, "Degradation of Vinyl Polymer", Academic Press Inc., Publishers, New York, 1955.

[72] A.E. Vlatos and T. Sorqvist, "Field Experience of Aging and Performance of Polymeric Composite Insulators", Electra, N°. 171, pp.117-133, 1997.

[73] P.D. Blackmore, D. Birtwhistle, G.A. Cash and G.A. George, "Condition Assessment of EPDM Composite Insulators Using FTIR Spectroscopy" IEEE Trans. DEI, Vol. 5, pp.132-141, 1998.

[74] R. Bartnikas, "Partial discharges – Their Mechanism, Detection and measurement", IEEE Trans. Dielectr. Elect. Insul., Vol. 9, N° 5, pp. 763-808, 2002.

[75] C. Pinel and F. Duchateau,"Fonction isolation dans les matériels électriques", Techniques de l'ingénieur, traité de génie électrique, D2302.

[76] H.H. Kausch, N. Heymans, C.G. Plumer, P. Decroly, "Matériaux polymères – Propriétés mécaniques et physiques" , Presse polytechniques et universitaires romandes, 2001.

[77] J.C. Dubois,"Propriétés diélectriques des plastiques" Techniques de l'ingénieur, Traité plastiques et composites, AM3140.

[78] A. Faussurier et R. Servan, "Les matériaux électrotechniques" Technologie et Université I.U.T. Génie électrique, Dunod, 1971.

[79] C. Menguy, "Mesure des caractéristiques des matériaux isolants solides", Techniques de l'ingénieur, Traité de génie électrique, D2310.

[80] T.A. Slattery, "A New Insulation Coating for Amorphous and Nanocristalline Alloy Tape-Wound Cores", Intertech's 5th International Soft Magnetics Conference, Michigan,USA,May24,2000, http://www.arnoldmagnetic.com/mtc/tech_presentations.htm (May 6, 2007).

[81] C.H. Smith, B.N. Turman and H.C. Harjes, "Insulation for Metallic Glasses in Pulse Power Systems" IEEE Trans. On Electron. Devices, Vol. 38, N°4, pp.750-757, 1991.

[82] K. Temmen,"Assessment of Insulation Materials Aged by Surface Discharges", IEE, Dielectric Materials, Measurements and Applications Conference Publication, N° 473, pp.302-307, 2000.

[83] P. Ségur,"Gaz isolants" Techniques de l'ingénieur, Traité de génie électrique, D2 530.

[84] R. Sundarajan, A. Mohammed, N. Chaipanit, T. Karcher and Z. Liu, "In-Service Aging and Degradation of 345 kV EPDM Transmission Line Insulators in a Coastal Environment", IEEE Trans. Electr. Insul., Vol. 11, N°2, 348-361, 2004.

[85] R. Sundararajan, E. Soundarajan, A. Mohammed and J. Graves, "Multistress Accelerated Aging of Polymer Housed Surge Arresters Under Simulated Coastal Florida Conditions", IEEE Trans. Electr. Insul., Vol.13, N°1, 211-226, 2006.

[86] B. Marungsri, H. Shinokubo and R. Matsuoka, "Effect of Specimen Configuration on Deterioration of Silicone Rubber for Polymer Insulators in Salt Fog Ageing Test", IEEE Trans. Electr. Insul., Vol. 13, N°1, 129-138, 2006.

[87] T.G. Gustavsson, S.M. Gubanski, H. Hillborg, S. Karisson and U.W. Gedde, "Aging of Silicone Rubber under AC or DC Voltages in a Coastal Environment", IEEE Trans. Electr. Insul., Vol. 8, N°6, 1029-1039, 2001.

[88] N. Chaipanit, C. Rattanakhongviput and R. Sundararajan, "Accelerated Multistress Aging of Polymer Insulators under San Fransisco Coastal Environment", IEEE Conference on Electrical Insulation and Dielectric Phenomena, 2001 Annual Report, pp.636-639, 2001.

[89] S. Kumagai and N. Yoshimura, "Impacts of Thermal Aging and Water Absorption on the Surface Electrical and Chemical Properties of Cicloaliphatic Epoxy", IEEE Trans. Dielectr. Electr. Insul., Vol. 7, N° 3, 2000.

[90] M.A. Handala and O. Lamrous, "Surface degradation of styrene acrylonitrile exposed to corona discharge", European Transactions on Electrical Power, (www.interscience.wiley.com), 2007.

[91] Y. Zhu, K. Haji, M. Otsubo, and C. Honda, "Surface Degradation of Silicone Rubber Exposed to Corona Discharge", IEEE Trans. Plasma Sc., Vol. 34 (1), N°4, pp.1094-1098, 2006.

[92] J. Kindersberger, A. Schutz, H.C. Kamer and R.V.D. Huir, "Service Performance, Material Design and Application of Composite Insulators with Silicone Rubber Housings", CIGRE, pp.33-303, 1996.

[93] S.H. Kim E. A. Cherney and R. Hackam, "Effect of Dry Band Arcing on the Surface of RTV Silicone Rubber coatings", Conference Record of IEEE International Symposium on Electrical Insulation, pp. 237-310, Baltimore, USA, 1992.

[94] Y. Zhu, S. Yamashita, N. Anami, M. Otsubo, C. Honda and Y. Hashimoto, "Corona Discharge Phenomenon and Behavior of Water Droplets on the Surface of Polymer in the AC Electric Field", Proc. of the 7th International Conference on Properties and Applications of Dielectric Materials, Vol. 2, pp.638-641, Nagoya, June 1-5, 2003.

[95] S.M. Gubanski, "Properties of Silicone Rubber Housings and Coatings", IEEE Trans. on Electrical Insulation, Vol. 27, N°2, pp.374-382, 1992.

[96] M. Issai and M. Komatsubara, "Hydrophobicity of Organic Insulating Materials", Annual Report CEIDP, Ottawa, pp.134-139, 1988.

[97] S. Wu, "Calculation of Interfacial Tension in polymer Systems", J. Polymer Sci., Part C, Vol. 34, pp. 19-30, 1971.

[98] C.J. Van Oss, « Forces interfaciales en milieux aqueux"- Editons Masson, 1996.

[99] S.H. Kim, E.A. Cherney and R. Hackam,"Hydrophobic Behavior of Insulators coated with RTV Silicone Rubber", IEEE Trans. Electr. Insul., Vol. 27, N° 3, pp. 610-622, 1992.

[100] G. Xu, P.B. Mcgrath and C.W. Burns, "Surface Degradation of Polymer Insulators under Accelerated Climatic Aging in Wheather-Ometer",Conference record of the 1996 IEEE International Symposium on Electrical Insulation, Montreal, Vol.1, pp.291-295, June 16-19, 1996.

[101] Guide 1, 92/1, Hydrophobicity Classification Guide, www.stri.se/public/STRI_Guide_1_92_1.pdf

[102] R. Hackam, "Outdoor HV Composite Polymer Insulators", IEEE Transactions on Dielectrics and Electrical Insulation, Vol.6, N°5, pp. 557-585, 1999.

[103] R.A.C. Altafim, A.M. Santana, C.R. Murakami, H.C. Basso, G.O. Chierice and S. Claro Neto, "Hydrophobicity of Polyuretane Resins", IEEE International Conference on Solid Dielectrics, Vol.1, pp.452-455, Toulouse, July 5-9, 2004.

[104] A.J. Phillips, D.J. Childs and H.M. Shneider,"Aging of Non-Ceramic Insulators due to corona from Water Drops", IEEE Trans. Power Delivery, Vol. 14, N° 3, pp.1081-1089, 1999.

(105) B. Luczinski, "Partial Discharges in Artificial Gaz Filled Cavities in Solid High Voltage Insulators", PhD Thesis, Technical University of Denmark, Publication 7902, 1979.

[106] H. Zhang and R. Hackam, "Electrical Surface Resistance, Hydrophibicity and Diffusion Phenomena in PVC", IEEE Trans. Dielectr. and Electrical Insulation, Vol. 6, N° 1, pp. 73-83, 1999.

[107] C. Hudon, R. Bartnikas and M.R.Wertheimer, "Surface Conductivity of Epoxy Specimens Subjected to Partiel Discharges", IEEE Conference Record of International Symposium on Electrical Insulation, pp.153-155, Toronto, June 3-6, 1990.

[108] M. Gamez-Garcia, R. Bartnikas and M.R. Wertheimer, "Synthesis Reactions Involving XLPE Subjected to Partial Discharges", IEEE Trans. Electr. Insul., Vol.EI-22, N°2, pp. 199-205, 1987.

[109] H. Yasuda, C.E. Lamaze and K. Sakaoku, "Effect of Electrodeless Glow Discharge on Polymers", J. Appl. Polym. Sci., Vol.17, pp. 137-152, 1973.

[110]   A. Perrin, Directeur du C.M.E.B.A. de Rennes, "Cours de microscopie électronique à balayage et microanalyse" http://www.cmeba.univ-rennes1.fr/Principe_MEB.html (2007)

[111]   J.W. Chang and R.S. Gorur, "Surface Recovery of Silicone Rubber Used for HV Outdoor Insulation", IEEE Trans. Dielectrics and   Electr. Insul., Vol.1, N°6, pp.1039-1046, 1994.

[112]   R.S. Gorur, G.G. Karady, A. Jagota, M. Shah and A.M. Yates, "Aging in Silicone Rubber used for Outdoor Insulation", IEEE Trans. Power Delivery, Vol.7, N°2, pp.525-538, 1992.

[113]   Z. Fang, X. Qiu, Y. Qiu and E. Kuffel, "Dielectric Barrier Discharge in Atmospheric Air for Glass-Surface Treatment to Enhance Hydrophobicity", IEEE Trans. on Plasma Science, Vol.34, N°4, pp.1216-1222, 2006.

[114]   Y. Xu, Y. He, F. Zeng and R. Zhang, "Aging in EPDM Used for Outdoor Insulation", IEEE Trans. Dielect. Elect. Insul., Vol.6, N°1, pp.60-65, 1999.

[115]   S. Kumagai and N. Yoshimura, "Hydrophobic Transfer of RTV Silicone Rubber Aged in Single and Multiple Environmental Stresses and the Behavior of LMW Silicone Fluid", IEEE Trans. Power Delivery, Vol. 18, N°2, pp.506-516, 2003.

[116]   T. Asokan and L. Jacobs, "Rapid Decomposition Phenomena of Polymer Dielectrics in Circuit Breakers", IEEE International Symposium on Electrical Insulation, Indianapolis, USA, pp.280-283, 2004.

[117]   A.E. Vlastors and S.M. Gubanski, "Surface Structural Changes of Naturally Aged Silicone and EPDM Composite Insulators", IEEE Trans. Power Delivery, Vol.6, N°2, pp. 888-900, 1991.

[118]   F. Rouessac and A. Rouessac, "Analyse chimique: Méthodes et techniques instrumentales modernes", 5ᵉ édition, Dunod, Paris 2000.

[119]   J.T. Bumham, D.W. Busch and J.D. Rendowen, "FPL's Christmas 1991 Transmission Outages", IEEE Trans. on Power Delivry, Vol. 8, N° 4, pp.1874-1881, 1993.

[120]   B. Smith, "Infrared Spectra Interpretation – A Systematic Approach", CRC Press, New York, 1999.

[121]   A. Schmitz, "Measuring the Distribution of Oxidative Damages (OH-groups) by the Method of Fourier Transform Infrared Spectroscopy (FTIR) Attenuated Total Reflection (ATR) in Thin Polypropylene Films", IEEE International Symposium on Electrical Insulation, pp.36-39.Anaheim, USA, 2000.

[122]   Y. Sekii, H. Oguma, T. Hagiwara and K. Yamauchi, "GC-MS and FTIR Analysis of LDPE and XLPE Deteriorated by Partial Discharge", Annual Report Conf. Electr. Insul. Dielectr. Phenom. , pp.237-240, 2005.

[123] S. Kumagai and N. Yoshimura, "Tracking an Erosion Resistance Stability of Highly Filled Silicone and Alloy Materials against Electrical and Environmental Stresses", IEE Proceedings-Generation. Transmission and Distribution. Vol.150, N°4, pp.392-398, 2003.

[124] J.L. Bolland., *Proc. Roy. Soc.,* A,186, p.218, 1946.

[125] J.L.B. Bolland et G. Gee, "Kinetic Studies in the Chemistry of Rubber ABD Related Materials II. The kinetics of oxidation of unconjugated olefins", *Trans. Faraday Soc., Vol.*42, 236-243, 1946.

[126] L. Bateman, *Q. Rev. (London),Vol.* 8, p.147, 1947.

[127] A.C. Gjaerde, "The Combined Effect of Partiel Discharges and Temperature on Void Surfaces", IEEE Annual Report-Conf. on Electr. Insul. and Dielectr. Phenomena, Vol.2, pp.550-553, October 19-22, 1997.

[128] S. Kumagai and N. Yoshimura, "Tracking and Erosion of HTV Silicone Rubbers of Different Thickness", IEEE Trans. On Dielectric and Electrical Insulation, Vol. 8, N°4, pp. 673-678, 2001.